JN107773

AとZ

アンリアレイジのファッション

森永邦彦

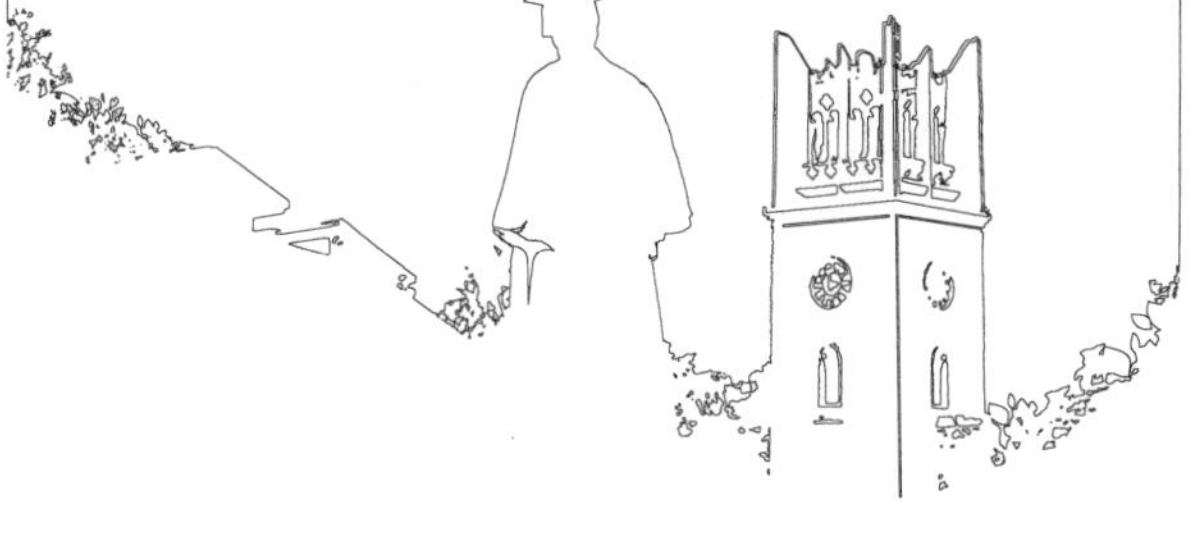

早稲田新書
002

はじめに

その日、弟は目を覚まさなかった。

朝になっても起きなかった。

父と母。祖父と祖母が慌ただしく家の中を行き交う。

ただならぬ気配が漂っている。

僕は何もできなかった。

じっと、内容の分からない大人たちの会話に耳を澄ました。ただじっと、行き交う大人たちの姿を目で追った。

何かが起きたことだけは僕にも分かった。

どのくらい時間がたっただろうか。

小さな棺が家に運び込まれた。
弟は白い服に着替えさせられた。

顔は青白かった。

たくさんの人が家にやって来た。
それでも弟は目を覚まさなかった。

弟はどうしたんだろう。なぜ起きてこないんだろう。

年齢が僕と四つ違いの弟は、その日、亡くなった。突然死だった。

僕は4歳になったばかりだった。

自分のいる世界が蜃気楼《しんきろう》のように感じられた。

生きていることはありふれたことで、死は珍しいこと。日常があり、非日常があることを初めて知ったのは、その日だった。

この世界で生きていることは日常。この世界からいなくなることは非日常。それらを分ける線引きの曖昧さを知った。

なぜ僕は目を覚まし、弟は目を覚まさなかったのか。

僕と弟を分けたのは何だったのか。

自分が生かされている意味は、ずっと分からなかった。分かろうともしなかった。少なくとも19歳で服づくりを始めるまでは。

僕にとってあの時の4歳は永遠の4歳だ。それが僕の原風景。

目次

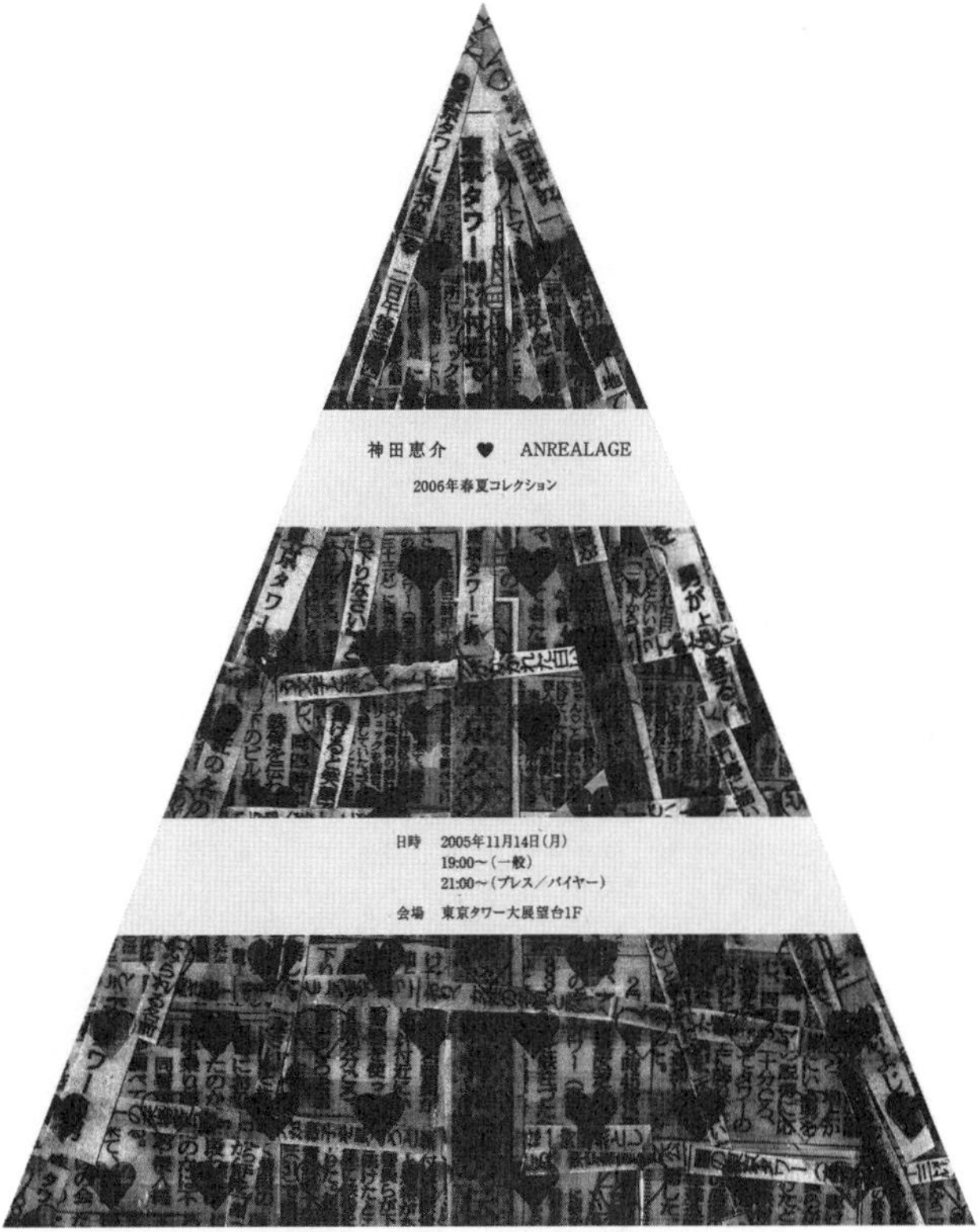

東京タワーで開いたショーのインビテーション（© アンリアレイジ）

第一章

東京タワー

▽ボロボロ

さんざんな一日だった。

25歳の僕は東京タワーの事務所でひどく怒られ、警察に通報するとまで言われた。

人生で一番怒られた日はいつだったかと質問されたら、躊躇なく、２００５年11月14日の東京コレクション当日の夜を挙げる。

「展望台でカメラのフラッシュがたかれ、上空の飛行機にトラブルが起きたらどうするつもりだ」「人命にかかわる問題だということを分かっているのか」

気がつくと泣いていた。

事務所で謝り続ける僕は、じっと耐えていた。

このまま一生叱られ続けるのではないか。もう、すべてを受け入れるしかないと覚悟を決めた時、解放された。慌てて、ファッションショーの会場となっていた展望台へエレベーターで直行した。残念なことに、僕のショーは終わっていた。観客の拍手だけが聞こえた。

僕はボロボロだった。

怒られた理由は、東京コレクションのファッションショーを東京タワー側の許可を得ずに決行したからだった。師匠の神田恵介さんと初めて共闘したショーは、東京タワー側にとっては奇襲に遭ったようなものだ。神田さんと僕にとっては、体を張ったゲリラ行動。東京タワー側と僕ら、両者の間で話し合う余地はあるはずもなかった。

▽**怒り**

自分が間違いを犯したことを十分理解していた。

警備・保安上の問題から、大勢が一堂に会するファッションショーのゲリラ開催が許されるはずはない。実際に１０００人を超える観客が集まっていた。

僕のショーの後に披露された神田さんのショーは、一見すると服ながらも、実は過剰なまでに装飾が施されたランジェリーのファッションショーだった。そのことが東京タワー側の怒りの火に油を注いだ。

自らを正当化することはできなかった。

ショーは一般向けが午後7時から、プレスとバイヤー向けが午後9時からの予定だった。すべてが終わった後、今度は神田さんと共に事務所に連れて行かれ、怒鳴られた。

警察に通報すると言われ、僕らは土下座した。

人生初めての土下座。足の痛さやしびれは感じなかった。
ずいぶん長い間、怒られたようだった。時計の針は深夜0時を回っていた。

師匠もボロボロだった。

それでも、みじめな気持ちにはならなかった。興奮気味に帰る観客の姿を見て、達成感を覚えた。ショーによる事故はなく、一般来場者からのクレームもなかった。ほっとした。

▽暗と明

東京タワーの1階をバックステージに充て、服をラックに掛けていた。やっと許され、帰る準備を始めていた。東京タワーから1秒でも早く離れたかった。「服を見せてくれ」。男がバックステージに現れ、いきなり、スタッフに言い寄った。「服は見せられないというのか」「見せられません」と押し問答を続けた。男は突然、激高し、東京タワーの1階の窓ガラスを殴った。不意打ちだった。

東京タワーもボロボロだった。

予想外の展開に心が折れた。

翌日、窓ガラスを殴った男がファッションジャーナリストであり、普段はおだやかな紳士であることを知った。ファッションショーで見た服に興味を持ち、もっとそばで見たいとバックステージまでやって来たのが押し問答に発展したのだった。ショーの後に、ジャーナリストが服を見にバックステージに来ることすら、僕は知らなかった。

1階では散々に怒られながら、上空にある展望台では夢にまで見た師匠とのショーが繰り広げられた。その暗と明の落差。僕は絶望と希望の間を行き来していた。二人一緒だからこそのぼることができた展望台。地上では負けを強いられながら、展望台では目の前に広がる東京の夜景に僕らのファッションは決して負けなかった。その暗と明の一日を決して忘れない。僕らはあの展望台に魂を置いてきた。

その日から、神田さんと僕は東京タワーの展望台へ一緒に行ったことがない。

▽男がよじのぼる

実はファッションショーを決行する前に、東京タワーの展望台でショーが開催できないか、問い合わせた。ショーの開催を懇願する手紙も送った。前例がないこと、警備・保安上の問題があること、一般客に迷惑を掛ける恐れがあることを盾にあっさり断られた。僕らは今、東京タワーにのぼらなければ未来はないと思い詰めた。

僕らを絶望の淵から救い出してくれるニュースが突然飛び込んできた。

「東京タワーに男がよじのぼり、ハートの垂れ幕」。事件を取り上げたニュースの見出しはこうだった。

東京タワーの鉄柱によじのぼり、好きな女性に告白するパフォーマンスを演じた男が警察に逮捕された事件。男は赤いハートのマークと「朋ちゃん」という文字を描いた垂れ幕を、高さ100メートルからぶら下げたと報じられた。

男の純粋さと行動力に衝撃を受けた。赤いハートは僕らの心に突き刺さった。僕らが目指しているのは100メートルの高さではない。もっと上の高みである。まずは男に続けと思った。

ショーを決行するためには、東京タワーにのぼらなければならない。それには入場券を買う必要がある。観客1000人分の入場券。1000枚をまとめて買うと怪しまれるため分散する必要がある。

ショーの招待状は、男の事件を扱った新聞をコラージュして制作した。コラージュは事件を扱った新聞10紙以上を買い、記事の一文一文を東京タワーの骨組みを模してつくった。そこへ、僕らの心に刺さったハートをたくさん描いた。逮捕された男の報道はどれも冷ややかだった。気持ちを伝えるために命がけの行動に出る。一人の男ができて、僕ら二人の男にできないというわけはない。男と僕らの姿をどこかで重ね合わせていた。

招待状には展望台の入場券を同封した。

ショーの当日は、開始前から観客が殺到したことで、異変を気づかれた。観客は膨れ上がった。主催者の二人を出せとの連絡が入った。東京タワー側の怒りは沸点に達していた。ショーの時間が刻々と迫っていた。

神田さんに言った。「ショーのことはお任せします。展望台でのショーを守ってください。東京タワー側とのやりとりは僕がやります」

ショーを中止させないために神田さんは展望台に残り、東京タワー側の怒りを鎮めるために僕は1階の事務所へ向かった。展望台と事務所の高低差は150メートル。直通エレベーターで降りる間、展望台から真っ逆さまに落下する自分を想像し、絶望感を嫌というほど味わった。

▽闘い

そもそも、東京タワーでファッションショーを開こうと提案したのは僕の方だ。神田さんに誘われ、日比谷野外音楽堂で一緒に見た銀杏《ぎんなん》ＢＯＹＺのライブが、きっかけだった。

銀杏ＢＯＹＺが発する表現の強さと命がけの熱量に僕らは圧倒された。銀杏ＢＯＹＺの音楽にかけるいちずさと師匠のファッションに対するいちずさは、深く通じていると感じた。

ライブの終演後、電車に乗る気分にはなれなかった。日比谷野外音楽堂から、しばらく歩かないとふつうの状態に戻れなかった。当てもなく都心を歩いた。同じ表現活動をしているのに彼らと僕らは何が違うのか。彼らは闘っていた。それなのに僕らは…。すっかり、たきつけられていた。

偶然だった。東京タワーが視界に入った。僕らは吸い寄せられ、気がつくと東京タワーの真下にいた。僕らも闘わないといけない。「一度でいいから二人でショーをやりたい。東京タワーの上でやりましょう」

神田さんは、つくった服をまだ売っていなかった。

僕はすでにアルバイトをやめ、服を売ることで「ファッションの世界」を生きていた。4歳違いの神田さんは「ファッションの世界」で生きると願いながらも、服を売ることはせずにアルバイトで生計を立てていた。師匠である神田さんと僕は実績において、師弟関係が逆転してしまったことに痛みを感じていた。

僕は「ANREALAGE（アンリアレイジ）」のブランド名で服づくりを本格化させ、6シーズン3年目に入っていた。「自分の服を売るつもりはない」と言い続けていた神田さん。貴重な時間と熱量を注いだ表現そのものに価格を付けることは、魂に価格を付けるようなものだ。だから服は売らないというのが理由だった。僕は「服は値札を付けて、きちんと流通させるべきです。ここでショーをやりましょう」と主張した。神田さんへ意見したのは、後にも先にもこの時だけだ。

神田さんの服を着たいと願う人は僕一人だけではないはずだ。神田さんの服をまとう人たちの姿を見たかった。何より、服に値札を付けて売り、共に「ファッションの世界」で生きてほしかった。

東京タワーのファッションショーは転機だった。あの日が、同じファッションで生きる二人の始まりだった。ファッションの世界で初めて共闘し、一緒にやり遂げたファッションショー。二人一緒に東京タワーにのぼらなければ、同じ景色を見ることはできなかった。僕らはファッションの世界に風穴をあけることはできなかった。しかし、次の日、神田さんは服に値札を付けた。二人の世界に風穴はあいた。ボロボロだったあの日から、すべてが始まった。

アンリアレイジ初期のコレクション（© アンリアレイジ）

第二章

予備校

▽ファッションに襲われる

東京・代々木にある大手予備校の英語講師を介して神田恵介さんの名前と存在を知った。1998年10月だった。僕は高校3年生。神田さんは早稲田大学社会科学部の3年生だった。

予備校で選択したのは早慶英語コース。授業の名前は「CANDY ROCK」だった。講師は絶大な人気を誇るカリスマの西谷昇二先生だった。教室に約400人の受験生が詰めかける授業は、席取りのため開始2時間前から列ができた。僕はいつも列の先頭グループにいた。先生は派手なパフォーマンスと独特な英語教授法で知られ、90分の授業のうち毎回10分は、映画や文学に関する自身の世界観や恋愛観について語った。受験勉強に追われる日常とは違う、非日常。その10分間を逃がすまいと、教室の最前列に陣取りテープレコーダーで録音した。

その日、西谷先生は壇上から一着の服をいきなり掲げてみせた。

「この服は元教え子で早稲田大学に入学したカンダケイスケという学生がつくった。彼は自己表現の手段として服をつくっている、服の一着一着には曲のタイトルのように名前を付けている。この服には『アバウト・ア・ガール』の名がある。伝えたいことをタイトルにして服に縫い込んでいる。感覚だけで服をつくっているわけではない。そこにはロジックがある。曲にメロディーと歌詞があってメッセージが伝わるように、服も色、かたち、テーマがあってメッセージが伝わる。カンダの服には思想がある」

ファッションが突然、僕を襲った。それまでにない感覚だった。「ファッションには伝える力がある。そして伝わる力がある。服は言葉を持つ」。そんなことを考えたことはかつて一度もなかった。1分1秒をおろそかにできない受験戦争のさなかに、西谷先生の話は、魂をつかんで離さなかった。

僕のファッションの原点は、この日の、この教室にある。

服は左右非対称で、どこか未完成だった。好きな女の子のことを考え、手縫いでつくられていた。それは彼女に宛てた、服のかたちをした一通のラブレターだった。

授業の後、西谷先生のいる講師室に駆け付けた。服が見たくてたまらなかった。いつもは講師室の前に長蛇の列ができる。先生が話す10分の物語の続きを聞きたいと願う受験生が大勢いた。

その日、西谷先生のもとを訪ねた受験生はいなかった。僕以外にその日の話は、関心を引かなかった。みんなと同じゴールを目指していたはずなのに、講師室には僕一人だけ。孤独感を覚えた。ただ、周りがいないことが逆に、輝いて見えた。

数が少なければ少ないほど輝く。そんな発見は初めてだった。ファッションに魂をつかまれたのは僕だけだろうか。いま振り返ると、それこそがファッションだった。周りのみんなと違うこと。流れに流されないこと。みんなが気づかないことに気づくこと。一人で信じること。大切にしてきたファッションの原点が、この日の、この教室にあるというのは、そういうことだった。

▽出会う

「僕は早慶英語を受講している森永と言います。西谷先生の授業をずっと受けてきました。今日の話を聞いて早稲田を目指すことにしました」

講師室で切り出した。

西谷先生は授業で、宮沢賢治やレッド・ツェッペリン、アニエスベーの話を取り上げてきた。それらと無名なファッションデザイナーのカンダケイスケを同列に置いたことに心動かされ、素直な気持ちで「これまでの話で一番よかったです」と言った。

西谷先生は応えた。「君はファッションに興味があるのか？　教え子の神田が服を取りに来るとき、会うか？　森永が望むなら紹介するよ」

僕は二つ返事でお願いした。

僕の通う都立高校は髪型も服装も自由だった。校則は上履きをはくことぐらいだった。僕はかたちからファッションに入っていた。クリストファー・ネメスのパンツをはいて、ヴィヴィアン・ウエストウッドのロゴのスカーフを首に巻き登校した。髪は赤茶に染め、髪型は先端をツンツンに立てていた。バスケ部に所属し、練習前には香水を付けた。完全にファッションをはき違えていた。

予備校の講師室で神田さんに会ったのは、それから間もなくだった。

「ファッションをやるには何学部に行ったらいいですか。やはり心理学部でしょうか」。尋ねた。

神田さんは意表を突かれた感じだった。「自分は早稲田大学の社会科学部へ行っている。学部はファッションとは関係ない。まずは受験勉強を頑張ったら」と神田さんは言った。

緊張していた。初めてファッションデザイナーに会って気持ちが舞い上がっていた。その場で、神田さんと西谷先生に宣言した。「神田さんの弟子になります」

神田さんはずいぶん後に、その時の印象について教えてくれた。「独りよがりな奴だ。もう二度と会うことはないだろうなと思った」と。会話がかみ合わなかったことも、独りよがりな奴だと思われたことも、当時、想像することさえできなかった。

神田さんと会った日を境に、志望校を早稲田大学社会科学部に絞った。早稲田に行けばファッションができる。神田さんの後を追いかけようと。

「早稲田に行くモチベーションが、ファッションをしたいということでもいい」と西谷先生は肯定してくれた。名もないデザイナーだった神田さんを西谷先生が、授業で取り上げたからこそ、神田さんとの接点、ファッションの接点が生まれた。西谷先生の「全肯定」する優しさが、神田さんと僕を太い絆で結んでくれた。

▽師匠

晴れて早稲田大学に合格、念願の社会科学部に入った。入学式当日、「神田さん探し」に夢中だった。キャンパスのどこにもいなかった。社会科学部の先輩と思われる学生に尋ねた。「ファッションデザイナーの神田恵介さんを知りませんか」

たった一人で1週間は探し回った。途方に暮れ始めていた。スマートフォンの利用が広がるのは10年も先のことで、SNSも一般的でなかった。

学生一人が反応した。

「ああ。恵介か。携帯に電話してみるからちょっと待って。『サークルの勧誘で今、大学に来ているんだけど。恵介に会いに来たという変な新入生がいるんだ』。うん、分かった」

神田さんは「バズーカ」と呼ばれる服の型紙を入れる円筒を背負い、僕が待つ本部キャンパスに現れた。念願の再会を果たした。

「あの日、弟子になると言って、本当に早稲田に来るとは驚いた。しかも同じ学部に」

神田さんは信じられないといった顔をして、しきりにほめてくれた。神田さんは当時、服づくりを独学で始めたばかりだった。誇れる実績はまだなかった。それでも僕にとっては特別で、あこがれ以上の存在だった。弟子になりたいといういちずな気持ちは、膨れるばかりだった。師匠の大きな背中を追う弟子と、大きさばかりが膨らみ実は空虚であると自身を理解する師匠とのギャップは、埋めようがなかった。

神田さんをただ師匠とあがめ、おっかけをする日々が始まった。

▽独立記念日

早稲田大学に入って3カ月が過ぎていた。１９９9年7月4日の日曜日。米国の独立記念日に、神田さんは自ら手掛けるブランドのショーを単独で初めて企画した。その日は、神田さんがファッションの世界で独立し、僕が服づくりで生きることを決めた「記念日」だ。

ファッションショーの会場は、京王井の頭線を走る電車の中。インビテーションは１７０円の切符だった。普段は人気のない日曜夜の上り各駅停車のホームに、明らかにファッション好きと思われる専門学校の学生や大学生らが集まっていた。数百人はいたはずだ。

車内には一般客もいて、混雑していた。

午後9時24分、僕らを乗せた電車が始発の吉祥寺駅を出発した。神田さんの服を着た一人のモデルが人をかき分けて歩き始めると、車両の通路は一瞬にしてファッションショーのランウェイに変わった。

大量のスポットライトの代わりに天井の車内照明が、頼りなくモデルを照らす。音響スピーカーの代わりにスタッフが準備した小さなラジカセから、音楽が精いっぱいの音量で流れる。オープニングは、ロックバンド、ニルヴァーナの楽曲「アバウト・ア・ガール」だった。

電車は各駅停車で、定刻通り。目指すは14駅先の駒場東大前駅だった。

井の頭、三鷹台、久我山…。電車が駅に止まるたび、神田さんのつくった服をまとったモデルが乗り込んで来る。発車ベルが鳴りドアが閉まる。モデルが全車両の端から端までを歩く。横一列に座った観客はモデルの姿を目で追った。神聖な空気が漂う。服を着てモデルが歩くだけなのに、心はざわつき、日常から非日常へのスイッチが入った。

ファッションショーのテーマは「コミュニケーション」だった。未完成な部分が意図的に服に残されていた。裾は切りっぱなし、布はほつれていた。シルエットはかわいくても色使いは暗く、前と後ろでまったく違う素材が矛盾しつつも同居していた。強さと弱さがあり、怒りと優しさがあった。

不完全な服は人を求めていた。それがよく分かった。

僕はもう泣き出しそうだった。

心臓の鼓動が激しい。弾けそうだった。このドキドキは何なんだろう。ここは一体どこなんだろう。普段乗る電車がもう電車ではなくなっていた。ドキドキが収まらない。こんな感情は初めてだった。僕のいる日常はもう日常ではなかった。

服を見ながら泣いていた。

▽命懸け

「降りてください」と声が聞こえた。数百人と一緒に駒場東大前駅のホームに降り立った。モデルたちが駅の階段に並んだ。一斉にフィナーレが始まり、拍手が起き、歓声が上がった。デザイナーのあいさつを待つ合図だった。

神田さんが晴れ舞台に登場する瞬間、きらびやかなモデルたちの表情が曇った。黒い集団がやって来て突然、一人の男を取り押さえた。ファッションショーは、修羅場と化した。集団は鉄道警察隊。そのまま連行された男は神田さんだった。

事情聴取で神田さんは散々叱られたが、ぎりぎりのところで逮捕を免れた。誰にも危害が及ばなかったことが幸いした。

ファッションショーに命を懸ける神田さんの姿が忘れられない。

神田さんはこの日のことを後に振り返っている。

「僕の未熟な服は、あの日あの場所に、置いてけぼりにされてしまった」「あの日を境にして、別に世界なんて変わらなかった。ただひとりを除いて」と。

「ただひとり」と名指ししたのは僕のことだった。

ファッションのバトンを受け取った。バトンは僕だけに送られたものだと受け止めた。それまでは、服づくりをしようと考えたこともなかった。ファッションが好きなだけだった。それ以下でもそれ以上でもなかった。日常から非日常へと世界を変えるスイッチが入った。その日、服をつくることを誓った。

駒場東大前駅に7月4日午後9時48分に到着した電車のファッションショーは、時間にしてわずか24分の出来事だった。

そのわずかな時間に、服に力があることを知った。服は日常を変え、服は人を変える。その服の力を信じよう。

終着駅を目指す電車の車窓からは、景色が次々と流れ、変わっていった。その時感じた気持ちだけは、ずっと流さずにいたかった。ずっと手放したくなかった。

ファッションは過去のことを忘れてひたすら前に進むことを善しとし、正義とする。たとえそうであっても、この一日を引きずることは、僕自身の正義である。

青山円形劇場で開いた2002年秋冬コレクションより。
墨汁に染まる前の服（左）と後の服（© アンリアレイジ）

第三章

アンリアレイジ命名

▽非日常

アンリアレイジ（ANREALAGE）は、仲間と共に活動するファッションブランドの名前だ。日常を表す英語の「A REAL」と非日常を表す「UN REAL」と時代を指す「AGE」の言葉から成る。

「日常」は日々の生活のこと。ベースになっている物や事のこと。ある時は、生を表す。

「非日常」は日々の生活の中で見過ごされてしまう、ちっぽけな物事のこと。それは決してあり得ない事や非現実的な物を指すわけではない。別のある時は、死を表すこともある。

たとえば「非日常」は、照りつける太陽がつくる影であったり、花を咲かせた植物が枯れて色あせたりすることを示す。

「時代」は「時」のこと。

「時」が移ろうことにより、物事は変わる。はかなく移ろう。生は死に変わり、死は生に変わる。枯れた植物は種を残し、やがて芽をだす。「時」は、両極にある日常と非日常の境目をなくす。それは、僕が大切にするドキドキ感を与えるファンタジー。価値がないとされた物に100年後、価値を与える魔法の源。移ろう「時」があるかぎり、当たり前だと考えられた物事が100年後も当たり前であるとは言い切れない。

「日常」と「非日常」と「時代」の言葉が一つに合わさると死生観に行きつく。ファッションの色もかたちも現れては消え、消えては現れるように、時の移ろいとともに変わる。

▽**すこし**

この三つの言葉からできている「アンリアレイジ」の名前と意味をずっと大切にしている。

英語のANREALAGEは、否定の接頭辞「UN」ではなく、不定冠詞の「AN」「A」の意味を強調している。その理由は「ほんのすこし」を表したかったから。「a few」

や「a　little」の不定冠詞をイメージしてもらいたかったから。

それは、漫画家の藤子・F・不二雄さんが提唱した「SF」にとても近い感覚だ。「SF」は科学的空想を扱ったサイエンスフィクションではない。「すこしふしぎ」のことであると知った。

「すこし」がやさしさを生む。すこしという言葉が世界で一番やさしい言葉であることを、藤子・F・不二雄さんから教えられた。

ほんのすこし。

ほんのすこしの非日常。

非日常は日常とほんのすこし違うだけ。

日常と非日常は遠い対極にあるわけではない。ほんのすこしの距離にある対極。日常の中で、普段は見過ごしてしまうものがすこしの非日常。こんなこともあるよね、と言えるのがすこしの非日常。

「ほんのすこし」の非日常は、非現実的であったり奇抜だったりはしない。なぜなら「すこし」は、とてもやさしいから。

▽異色短編集

アンリアレイジの名前を初めて使い、東京・神宮前の青山円形劇場でファッションショーを開いた2002年3月から半年が過ぎたころだ。もう秋になっていた。ショーは東京コレクションの正式スケジュールに登録され、メジャーデビューを果たした。当時、早稲田大学の3年生。学生が東京コレクションに名を連ねるのは異例だった。

幸運に恵まれたにすぎなかった。まぐれだと自覚していた。

この先、自分のつくる服にどうやって価値を付けたらいいか、ショーの後、悩んでいた。真木くんは前触れもなく訪ねてきた。「これ、貸してあげる」と手渡してくれたのが藤子・F・不二雄さんの『異色短編集』だった。

どんな理由があって僕のもとを訪ね、それを貸してくれたのか。寡黙な真木くんは何も言わなかった。僕も理由を聞かなかった。『異色短編集』はいまも借りたまま。東京都国立市の実家に置いてある。

真木くんは藤子・F・不二雄さんの作品が好きだった。特に夢中になっていたのが「ドラえもん」だ。中学時代、アニメのテレビ放送が始まる金曜日午後7時直前になると、真木くんは遊びを突然やめて帰宅した。それは真木くんの破ってはならない掟《おきて》だった。中学を卒業し高校生になりパンクロックにはまっても、金曜日の「ドラえもん」中心の生活パターンは変わらなかった。

なぜ、真木くんがドラえもんにはまったのか、関心はあった。ただ、どちらかといえば、僕の興味はドラえもんではなく、漫画家である藤子・F・不二雄さんの方にあった。それでも中学・高校時代は、僕の興味が深まることはなかった。

▽ある日

『異色短編集』に収められている漫画は、日常に潜むほんのすこしのふしぎを描いている。ドラえもんも、ドラえもんのどこでもドアも、僕にとっては、ほんのすこしのふしぎから逸脱している。非現実的な印象が強い。

『異色短編集』はそうではなかった。圧倒的なリアリティーがあった。

たとえば、「ある日…」という漫画のストーリーはこうだ。

自主映画サークルのメンバーが上映会に集まり、自分の短編映画を映写する。「ある日…」は映写途中にプツンと終わる。

映写機器にトラブルがあったわけでも、映画が未完成だったわけでもなかった。サークル仲間から酷評された製作者が上映途中でプツンと切れた意味を解説する。

ある日
突然……
核戦争が
始まって
(以下略)

突然世界の終わりがやってくるある日は、日常の対極にある非現実ではなく、日常の中で気づかなかった現実にすぎなかった。日常の中で誰もが目を背けてきたものだった。

▽人原理有

青山円形劇場で東京コレクションにデビューする前、ブランド名は「人　原　理　有」だった。服は、人に原理が有るという意味を込めて、そう名付けた。

ニン・ゲン・リ・アル。

1999年の8月から本格的に服をつくり始め、アンリアレイジを命名する2002年1月まで、この四文字を何よりも大切にした。

人は、ヒューマン。
原は、オリジナル。
理は、ロジック。
有は、リアル。

この中の、理有(リ・アル)、がREALにつながる。当時まだインディーズで活動していた頃のファッションショーのテーマは「A REAL under the UNREAL」だった。

結果的に、

「A　REAL　UNREAL」に「AGE」を加えて、「ANREALAGE（アンリアレイジ）」となった。

「人　原　理　有」と「ANREALAGE」を比べると、一目瞭然だ。「人　原　理　有」には「AGE」がない。時代や移ろう時間や時の概念がない。だから「AGE」を加えることにより、日常のREALと非日常のUNREALを相対化し、その境界を揺るがしたかった。

▽弁証法と出合う

ロジック、理論を示す「理」を「人　原　理　有」に使ったのは、高校3年生の時に習った予備校英語講師・西谷昇二先生の影響だ。早慶英語コースの講座で、先生が唱える英語習得法の一つである文章構造を論理で読解する方法を徹底的に教え込まれた。感覚で答えを導くのではなく、ロジックで答えを導くことに目を見開かされた。

そのロジックの中で西谷先生が最も尊重したのが、弁証法の考え方だった。

テーゼ（正）、アンチテーゼ（反）、アウフヘーベン（合）。

命題を立てる。その命題を否定する別の命題を立てる。それらの矛盾や対立を残しながら高次元に統合する。

予備校の大教室で「弁証法」の言葉を西谷先生から教えられた時、なぜかとてもドキドキした。

あの時ほど勉強において、ドキドキしたことはない。デザインの根源にある「物事の真実」へたどり着くには、ある側面とそれとは対極の側面から迫ることが必要であることを初めて教わった。英語の読解で解答を導くメソッドは、アンリアレイジの服づくりのメソッドにつながっている。

服づくりにおいて「考えて、考えて、考えて、考えつくす」ことをいとわないのは、西谷先生の授業を受けたおかげだ。考えて「命題」を立て、さらに考えて「反命題」を立て、それらを「統合」できるように考えつくす。僕の服には「弁証法」の血が流れている。

▽○△□

たとえば、２００９年春夏コレクションの「○△□（まるさんかくしかく）」は、「生物」としての人間と対極にある「記号」をテーマに、球体、三角錐、立方体に合う服をつくった。

人間の体が球体、三角錐、立方体のかたちであるはずはない。まず、常識としてきた「体に合う服」を疑った。次に「体に合わない服」を徹底して考え抜いた。その結果が球体や三角錐に合う服だった。

最後に、球体が着ていた服を人間がまとった。ひだである「ドレープ」が自然に現れ、独特なかたちを服に与えた。着心地は悪くない。

常識―非常識―新たな常識という服づくりにおける僕の思考のプロセスは、ある種の弁証法だと思っている。

「○△□」のコレクションは転機となった。

常識を疑う。
感覚を疑う。
論理で攻める。

すこし不思議を追求する。
日常と非日常の境目をなくす。
時の移ろいを生かす。
考えて、考えて、考えつくす。

「○△□」は、アンリアレイジの思想がすべて入ったコレクションだ。

パリコレクションのデビューを果たした2015年春夏コレクション「SHADOW」も、同じ弁証法の論理が貫かれている。存在が対極にある「光」と「影」がテーマ。白いコートが強い光を浴びてグレーに変わる。手の影がコートに残る。実体と影が分かれて影だけが残る。その影の色は白だ。「○△□」のコレクションが「かたちの弁証法」と言えるならば、「SHADOW」のコレクションは「色の弁証法」とも言えるだろう。

▽記憶の断片

ブランド名をアンリアレイジに変えて初めて臨んだファッションショーが、方向性を決めた。2002年3月27日。青山円形劇場で開いた02―03年秋冬コレクション「fragments of mind―記憶の断片―」は、東京コレクションの正式スケジュールに登録された。アンリアレイジにとっても僕にとっても、東コレは初めての経験だった。

アンリアレイジが最も得意とするパッチワークで勝負しようと考えた。端切れを一つ一つつなぎ合わせていくパッチワークは、記憶の断片を一つ一つつなぎ合わせていく行為と同じだった。その一方で、僕らの記憶があいまいであることを問いたかった。

日常と非日常は対極にあるのではなく、わずかな違いしかないことを示すことができないだろうか。

頭の中で描く風景と現実の風景には、差があることを表せないだろうか。

物事というのは実は、記憶の中でしか認識できないのではないだろうか。

テーマが大き過ぎるため、服にテーマを落とし込む方法を想像するのが、とても難しかった。

▽対極の白

初期衝動に襲われた。

ファッションショーの間、服の色が変わるのはどうだろう。

一つのショーで、同じことを繰り返しできないだろうか。

カラフルで縫い目がはっきりと分かるパッチワークとは、対極の白い服。それを白い端切れだけでつくる。真っ白なパッチワーク…。

アルバイト先の生地屋で白い端切れを集めた。素材はコットンから、ポリエステル、ウール、ナイロン、キュプラ、レーヨンまでいろいろ。端切れを縫う糸とボタンはポリエステル素材にした。必死に端切れをつなぎ合わせた。さらに装飾として、無数のボタンを縫い付けた。ショーの当日までに30着ほどが出来上った。

東京コレクションに正式に位置づけられているとはいえ、ファッションショーはすべて手づくりだった。モデルは六本木で声をかけて、出演を承諾してくれた外国人や友人たち。会場の青山円形劇場は自分で予約した。開催費用は、ショーを手伝う親友たちと学生ローンからお金を借りて賄った。

ファッションショーの当日、バックステージに浴槽を用意し、墨汁で満たした。モデルが歩く細長い舞台のランウェイには真っ白な布を敷いた。

大学3年生が手掛けるファッションショーが始まった。モデルは全員裸足だ。観客の前をモデルが歩く。白い服がパッチワークであることに誰も気づかない。

モデルは一巡し、バックステージに消えていく。第一幕が閉じた。

モデルはバックステージで墨汁の入った浴槽に服のまま入った。白いパッチワークが一瞬で黒に染まっていく。

第二幕が開いた。

モデルの着た服は、黒と白とグレーのまだら模様だ。染まる素材でできた端切れは黒に、染まりにくい素材の端切れはグレーに色が変わった。まったく染まらない素材の端切れはそのままの白。糸とボタンは染まらないポリエステル素材だったため、縫い目と無数のボタンがまるで漆黒の夜空に輝く白い星々のように浮かび上がった。

第一幕の服と第二幕の服が、同じものだと認識する人はいなかった。

モデルの服からランウェイの白い布にしたたり落ちた墨汁は、ライブドローイングのように、白いランウェイを黒いランウェイに変えた。

服は同じなのに、表層の色は異なる。同じものが時間の経過とともに、別の表情を見せる。

「白い服」をショーの最中に「黒い服」に変える挑戦が、アンリアレイジの東コレデビューだった。それから12年後。2014年9月のパリコレクションデビューの「SHADOW」で再び、服の色を白から黒に変えるショーに挑むことになる。

▽パッチワーク

中学時代からの親友、真木くんは、アンリアレイジの服づくりに欠かせないパッチワークの仕事を一人で続けてきた。

進学した高校も大学も別々だった。いったんは切れてしまった交流は偶然、大学時代に復活した。早稲田大学の近くにある僕のアパートへ、真木くんはよく遊びに来た。ミシンを踏む僕の姿を見て、突然、Tシャツをつくりたいと言いだした。おもちゃのようなシルクスクリーンプリント機を使い、二人でTシャツをつくり、1枚3000円で友人に売った。

将来について言葉をよく交わした。ファッションブランドの立ち上げを考える僕に対し、真木くんは何も決めていなかった。大学3年の夏休みに大学を中退した真木くんは、バイト先のレンタルビデオ屋が経営難で閉店したこともあり、「ブランドを手伝って」と誘うと「まあ、いいか」と二つ返事。本人はファッションにまったく興味がなかったにもかかわらず、服づくりを手伝うことになった。

当時、僕が挑んでいたのは、徹底的に手を使う服づくり。それには膨大な時間を要した。夜間の服飾専門スクールに通い始めていたとはいえ、パターンも縫製も素人の域を出なかった。パターンで緻密な線を引くことも、ミシンできれいな曲線を縫うことも簡単ではなかった。まともにできることと言えば、短い距離を直線で縫うこととぐらいだった。手のひらサイズの小さな布を何度もつなぎ合わせていくパッチワーク。服づくりを始めたばかりの僕ができる唯一の技法だった。

もちろん、祖母から母へ、母から娘へと引き継がれるパッチワークではない。ぬくもりとかわいらしさを特徴とする世界とは対極にあるパッチワークだ。同じかたちで似たような種類の布を組み合わせていくパッチワークの、その規則的な予定調和の世界を揺るがしたかった。小さく異なるテキスタイルをつなぐ作業は、異なる性質の世界をつなぐことだ。そこには衝突やぶつかり合いも生じる。それを乗り越え一つの面としてつなぎ合わせたところに、境目のない世界が広がる。それはジェンダーレス、エイジレス、ボーダーレス、シームレスのパッチワーク世界である。

アルバイトをしていた生地屋で、日々捨てられてしまう布の端切れを集めた。みんなには価値のない小さな端切れでも、僕には十分価値のある大きさだった。10枚、50枚、100枚、500枚、1000枚の布を無心でつなぎ合わせた。端切れは一つとして同じなものはなく、すべて不ぞろい。出来上がったパッチワークからは過激なにおいがした。

真木くんに服づくりを教えたことはない。3センチに満たない長さの直線で布を縫い合わせることだけを教えた。ただそのたった一つのことを何十回、何百回、何千回と繰り返すよう求めた。真木くんは一人で試し、「これなら自分でもできる」と言った。小さな布を縫い合わせ、そのつながった布が、床から天井の高さに達するまで何度も一人で練習した。アパートはロフトだったため、天井の高さが5メートルはあった。真木くんは、何百回も繰返した。小さな布がつながった一本のラインは、長さに換算すると1キロに達したはずだ。

真木くんにパッチワークを教えてから4年後、初めて二人でパッチワークの一着をつくることになった。どれだけ小さい端切れを細かく縫えるか、二人で競い合った。真木くんが3センチのパッチワークをつくれば、僕は負けじと2・5センチのパッチワークをつくる。真木くんが2センチのパッチワークをつくると、こんどは僕が1・5センチ。際限がなかった。ミシンで縫える細部の限界まで小さくなった。限界の1センチを縫ったのは、真木くんの方だった。

2005年5月に米ニューヨークで開かれたファッションデザイナーの新人コンテスト「GEN　ART　2005」に、二人の共作パッチワークで挑んだ。細部にたどり着いた一着のパッチワークは800ブランドの中から、アバンギャルド大賞に選ばれた。それを機に、僕はパッチワークから離れ、真木くんにあとのすべてを託した。大賞を取ったアンリアレイジのパッチワークは、真木くんにとっては最初のパッチワーク作品、僕にとっては最後のパッチワーク作品。いわば最初で最後の競作で、共作だった。

大賞受賞の知らせを受けても、真木くんは何の関心も示さなかった。パッチワークに対する態度は何も変わらなかった。パッチワークをただ続けるだけだった。それは今も変わらない。アンリアレイジのパッチワークは真木くんと共にある。

細部に神が宿るパッチワークのジャケット（© アンリアレイジ）

第四章

神は細部に宿る

▽神は細部に

大切にしている言葉がある。アンリアレイジの服づくりの思想を示す言葉だ。

神は細部に宿る――。

それは、小さな布の端切れを500枚、1000枚、2000枚と丁寧にかつ繊細につなぎ合わせるパッチワークを表す。サイズの異なる大小のボタンを服に5000個縫い付けるのに要する時間を表す。わずか15ミリのボタンの中に花や人形を閉じ込め、広大な世界を凝縮させることを表す。

それは、目の前を通り過ぎてしまうほどの小さなものに、夢中になることである。

「神は細部に宿る」の言葉は、服づくりを始めた時から使っていたわけではない。藤子・F・不二雄さんの言葉「SF（すこしふしぎ）」と同じように、服づくりを始めてから知った。

ファッションメディアのＷＷＤの記事がきっかけだった。

「『神は細部に宿る』は建築家ミース・ファン・デル・ローエのものだけではない。クニヒコ・モリナガもまた、自らの繊細な仕事のうちに神が存在すると信じている。『僕のデザインのテーマは、日常を覆すことです』とモリナガは言う。『そして繊細な仕事は僕のスタイルです。細部に目を向けることにより日常を見つめ直したいと思っています』と、アンリアレイジを創業して2年のデザイナーは語った」

英語の記事にはそう書かれていた。

▽服と言葉

服は言葉を発することができない。

だからファッションデザイナーは服の代わりに、服のことを伝えようとする。テーマとコンセプトが服づくりの根幹を成す理由だ。

そうは言いながら、2002年3月の青山円形劇場のファッションショー以降、各コレクションに通底する思想を一つの言葉にすることはなかった。その思想を明確に定義することを先送りにしてきたところがあった。

WWDの記事は、アンリアレイジ初期の2005年1月に掲載された。アンリアレイジの行き先を記事は照らした。

ファッションの神様は存在すると信じる僕にとって、ミース・ファン・デル・ローエの言葉「神は細部に宿る」は啓示だった。

3カ月後、「GOD IS IN THE DETAILS」をテーマにした2005―06年秋冬コレクション「スズメノナミダ」を発表した。青山円形劇場のファッションショー「fragments of mind」から3年がたち、アンリアレイジは創設から6シーズン目を迎えていた。

▽スズメのナミダ

「スズメノナミダ」の製作メモに記した。

この小さい、幽かな声を一生忘れずに、背骨にしまって生きて行こう。

(太宰治『きりぎりす』)

テーマは「スズメノナミダ」。

GOD IS IN THE DETAILS——神は細部に宿る。

服の製作過程において見過ごされてしまうことを服に落とし込もうとした。

雀の涙が大空から一滴したたる風景をイメージした。千鳥模様を千羽の鳥と解釈し、その一羽一羽に表情を付け、涙を流しながら飛ぶ雀千羽を手描きで表した。服の製作過程で出る折れた針や糸屑《くず》など、本来なら捨ててしまうものを、樹脂の中に閉じ込めて琥珀《こはく》のようなボタンをつくった。それは、日常通り過ぎてしまう、雀の涙ほどの小さなことを何よりも大切にすることになる。

「神は細部に宿る」の言葉を与えられ、概念が固まり、アンリアレイジの思想が明確になった。アンリアレイジの思想が、それにふさわしい概念を求め、唯一無二の言葉に出合った。それは偶然でなく、必然であった。「スズメノナミダ」の前に発表したコレクションを見ると、それが理解できる。試行錯誤しつつ、ミース・ファン・デル・ローエの言葉の周りを遠心力にあらがってまわりながら、その芯へ芯へと向かっていた。

▽変哲がある

青山円形劇場のファッションショーから1年後。大学を卒業し服づくりの道を歩み始めた。最初に発表した2003―04年秋冬コレクションに「何の変哲もない」のタイトルを付けた。

デザインはかたちを描く前に、言葉を書く。アイデアはすべて言葉に詰まっている。製作メモにはこう書いた。

何の変哲もないゆがんだ現実。

ゆがんだ現実のなかにある、何の変哲もない服。

何の変哲もない現実を問う。

服の原型を壊し、変形させた。

服づくりの製図の基準となる原型を歪《ゆが》め、腕の位置や脚の角度を変形させた服をつくった。

身頃を平行四辺形に歪《ゆが》めたカットソー。左袖を前身頃に、右袖を後ろ身頃にずらしたシャツ。両袖が拘束されるように背中で交差したブルゾン。裾が左へ歪曲《わいきょく》したボトム。ハンガーに掛かった状態は、着る人を拒む異形だが、袖を通せば自然と人の体になじむようにつくった。それは何の変哲もない日常の服だった。

人の体と服が出合うことで生まれる造形は、偶然の産物のように見える。しかし実は計算しつくされていて、初めから狙っていた必然の産物だ。

何の変哲もないとうたいつつ、少し変哲のある服がつくりたかった。これが後の「○△□(まるさんかくしかく)」につながる。

▽前はどこに？

2004年春夏の「WHERE FRONT IS?」も同じだ。

テーマは絶対的な前という存在を否定する「WHERE FRONT IS?」。絶対的な「前」という存在を否定することだった。製作メモは示す。

かたちは移ろう。

前は横に変わり、横は後ろとなる。

後ろはやがて前となる。

前後左右が入れ替え可能な4ウェイの服をつくった。前、脇、背中は、どの面が正面にきてもいい。肩のスナップを付け替えることにより、前は脇へと入れ替わり、脇は背中へと入れ替わる。

決して正面のみに光が当たるのではなく、普段は光が当たらない脇や背中にもスポットライトを等しく当てる。正面を決めるのはデザイナーではなく、着る人だ。この考え方はやがて「ＢＬＯＣＫ」に昇華する。

▽**檸檬**

２００４—０５年秋冬コレクションのテーマは、梶井基次郎の小説である『檸檬』にした。製作メモは次の通りだ。

丸善の棚へ黄金色に輝く恐ろしい爆弾を仕掛けて来た奇怪な悪漢が私で、もう十分後にはあの丸善が美術の棚を中心として大爆発をするのだったらどんなにおもしろいだろう。

（梶井基次郎『檸檬』）

テキスタイルは、元データを写真撮影し、そのネガフィルムをプリントした。本来の明暗や色調を反転させ、光と影が逆転した世界を服に焼き付けた。ネガフィルムに映し出される白い影は、後の「ＳＨＡＤＯＷ」に続く。美と醜、日常と非日常—を逆転させる「檸檬」という爆弾に対する憧れを込めた。

高校時代に読んだ『檸檬』は、のちに愛読することになる藤子・F・不二雄の『異色短編集』と同じ世界が広がっていた。梶井のレモンは僕にとっては服。レモンは日常にある果実ではなく、日常を変える装置であると考えた。

▽きれひと

2005年春夏コレクションは「きれひと讃歌」。手塚治虫の漫画『きりひと讃歌』から一文字だけタイトルを変えた。

製作メモには、ゴッホの言葉を書いた。

昨晩、自画像を描いたのだが、どうしても耳がうまく描けなかったので、切り捨てた。

僕は利き手でない左手でパターンの線を引いた。定規は使わなかった。何度も線を引いてきたアームホールやネックラインが美しく引けない。それはまるで、絵描きが利き手でない手で自画像を描くようだった。出来上がった線は、震えて歪《ゆが》んでいた。そこから感情さえ湧いてくるようだった。その線に忠実に縫い合わせ、服のかたちをつくった。

完成した服のかたちをした自画像を解体されるべきものとして考えた。

出来上がった服を鋏《はさみ》を入れ切り分けた。襟の部分、ポケットの部分、裾の部分に分けた。全体を細部に分けた服は「ＤＥＴＡＩＬ」へと発展する。

切ることによりかたちが終わるのではなく、切ることによりかたちが始まる。

アンリアレイジのロゴ（© アンリアレイジ）

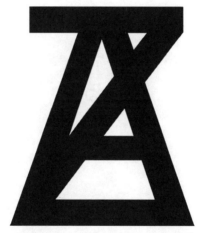

第五章　AとZを重ねる

▽始まりは終わり

アンリアレイジのロゴマークは、英語のアルファベット、AとZのかたちを重ねただけ。26文字あるアルファベットのうち、始まりの一文字と終わりの一文字を使ったシンプルなデザインだ。

だれもが見たことのあるかたちのAとZ。それを重ね合わせたデザインは世界中どこを探しても、なぜか見当たらなかった。

ロゴマークを始めてつくったのは、2006—07年秋冬コレクション「カノン」の時だ。アンリアレイジを立ち上げてからしばらくの間、ロゴマークをつくろうとは思わなかった。その存在は、ブランドを一目で伝えることができる反面、その背後にある細部への関心を奪い去る恐れがあると考えた。だからブランドを単なる印で伝えることは「神は細部に宿る」と信じる立場からすると、神に背く行為だった。アンリアレイジを表現できる印はないと思っていた。

アンリアレイジの服づくりの芯が「日常、非日常、時代」と「すこしふしぎ」と「神は細部に宿る」に固まると、考え方も変わった。ロゴマークをつくるなら誰もが理解できるモチーフ、シンプルなデザイン、普遍的なかたちは外せないと考えるようになった。ロゴマークは、コレクション「カノン」を構想する中で、大学時代からの親友、武藤くんと共に生みだした。

カノンは基準や黄金律などを指す。

▽アルファベットを服に

コレクション「カノン」は、アルファベットの26文字を「世界を動かす偉大な記号」と位置づけ、アルファベットの文字のかたちを服にした。

服の名前について考えた。たとえば、だれもが日常的に着ているTシャツはアルファベットの「T」のかたちから名前が付けられた。ほかのアルファベットも「T」と同じように服になる可能性があると考えた。「T」1文字の存在が大き過ぎて、ほかの25文字のアルファベットの存在が見過ごされてきたことに気づいた。よく考えれば、Gパンの「G」やPコートの「P」があった。ただ、それらはTシャツのようにアルファベットのかたちそのものを着るわけではなかった。Tシャツのように、ほかのアルファベット25文字の服をつくることを決めた。

Aのかたちをした変形カットソーの「Aシャツ」。Bのかたちをした「Bバッグ」。「Cパンツ」は脚が背後に反るようなシルエットにしてCをかたちづくった。「Gパン」「Pコート」は文字通り、シルエットをそれぞれアルファベットの「G」「P」のかたちに落とし込んだ。コレクション「カノン」は、人の体ではなくアルファベットのかたちを追求したコレクションだった。

AからYまでのアルファベット25文字をすべて服のかたちにした。しかし、最後のZの一文字だけは服のかたちにできなかった。

わずか26文字で、どんな世界でも表すことができる。最小にして最大。アルファベットの始まりと終わりを表すAとZに、武藤くんと僕はひかれた。AからZまでの配列を何度も書いてみた。A、B、C……X、Y、Z、A……。AとZは遠く離れているように見えて、実は連続した文字。それが繰り返されると、26文字の世界は閉じない。Zは終わりではなく始まりであった。アルファベットが弧を描くならZとAは隣同士だ。点をつなぎ合わせた線は、僕らの中で、円に変わった。

始まりの時と終わりの時。相反すると考えていた時間に境界はなかった。AとZが時間の中で重なった。

最後まで服に落とし込めることのできなかった「Z」の一文字が、アンリアレイジのブランドロゴマークを生みだすことになった。終わりが始まりに変わった瞬間だった。「26」のアルファベットからなる英語のカノン、黄金律に対し、AとZが重なりロゴマークが生まれたことにより、アンリアレイジのカノンは「25」の数字に集約された。

対極のものが一つになるＡＺロゴマークこそ、アンリアレイジのカノンである。

▽共同生活

武藤くんとの出会いは鮮烈だった。

早稲田大学社会科学部の最初の授業は、大教室で行われた。新入生で満席になる中、偶然、隣に座った武藤くんは、ゲームボーイに熱中していた。一度も顔を上げることはなかった。僕は真面目にノートを取った。授業の後、武藤くんは急に声をかけてきた。

「そのノート、貸して」

武藤くんに対する嫌悪感が親近感へ変わるのに、時間はかからなかった。神奈川県茅ケ崎市に自宅があるため、通学に片道2時間近くも要した。僕の通学時間はその半分程度。武藤くんは終電に間に合わず、僕の実家に泊まる回数が増えたことから、朝昼晩と一緒に生活するようになった。ファッションに向ける熱とグラフィックデザインの夢について僕らは語り合った。
　武藤くんは、僕の両親と食卓を囲む回数が増え、両親も好意的に受け入れた。季節が変わり、夏休みに入る前、家の中の空気が変わった。父親が言いにくそうに言った。「武藤くん、いつまでいるんだろう?」。僕は答えられなかった。武藤くんが僕の実家になじんでから3カ月がたっていた。

「武藤、仕方ないかな」

　僕は、実家での共同生活の終わりを告げた。大学に入り初めてできた親友の武藤くんは、僕の家から出ることになった。
　両親に対して申し訳なく思うとともに、武藤くんに対しても申し訳なかった。

間もなく、僕らは早稲田大学キャンパス近くのアパートを別々に借り、一人暮らしを始めた。互いのアパートの距離は徒歩30秒。武藤くんのアパートは四畳半一室で、風呂がなかった。毎日、入浴のため僕のアパートを訪ね、入浴代100円を払った。僕は一人暮らしでありながら、常に武藤くんが横に居るという生活を大学卒業まで続けた。

大学1年生の1999年8月、服づくりを本格的に始めるためにミシンを買った。同じタイミングで、武藤くんはグラフィックデザインのためにパソコンのiMacを買った。それ以来、二人は互いに補完し合った。

立体との闘いであるファッションデザインの道を歩む僕と、平面との闘いであるグラフィックデザインの道を行く武藤くん。時には競い合うライバルであり、またある時には切《せっ》磋《さ》琢《たく》磨《ま》する仲間である二人。その二人の道が交わった先に、アンリアレイジのロゴマークが生まれた。

アンリアレイジのロゴマークは平面でもあり立体でもある。なぜなら平面にある「A」と「Z」が重なっているからだ。

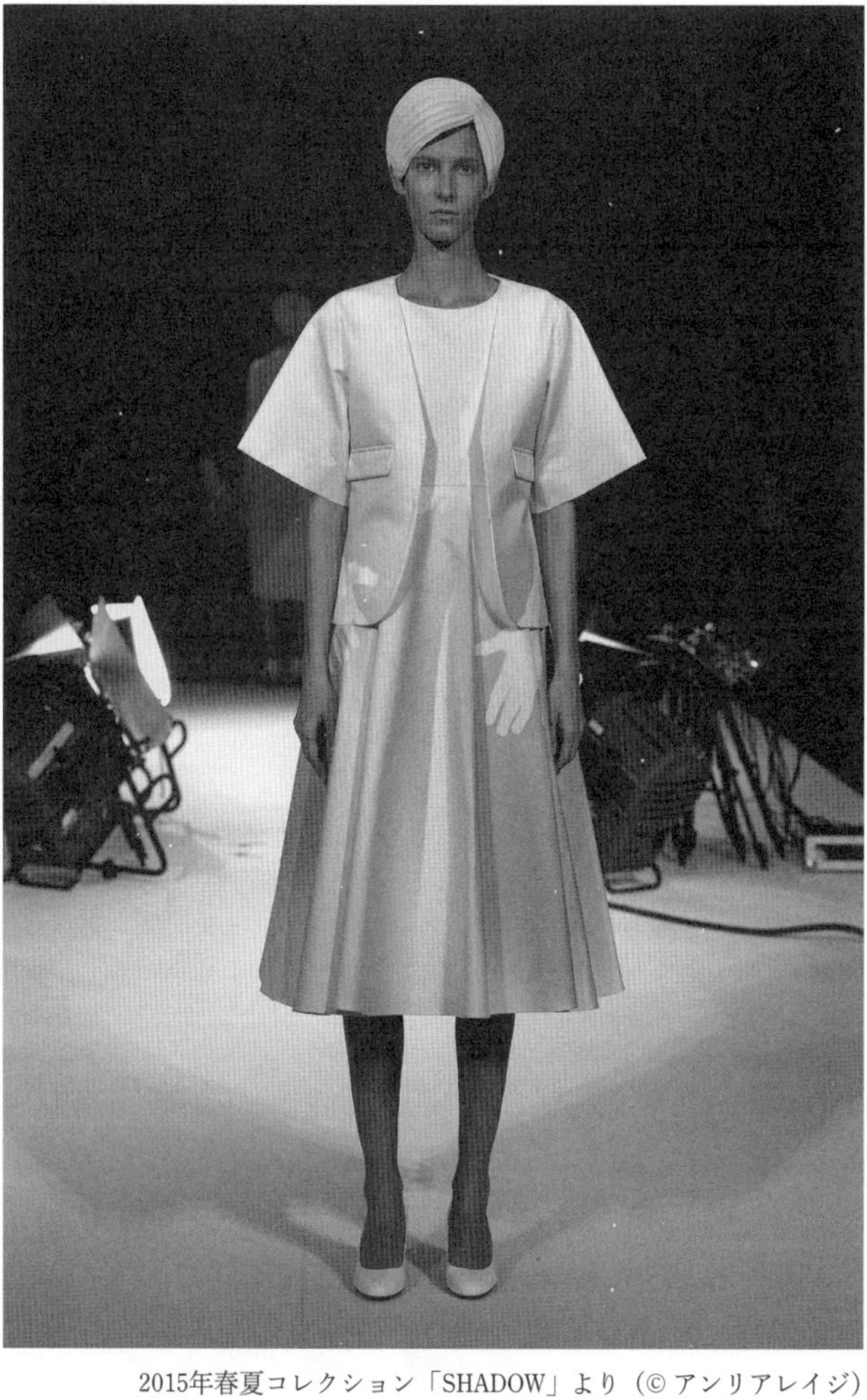

2015年春夏コレクション「SHADOW」より（© アンリアレイジ）

第六章

パリコレクション

▽絶体絶命

人生最悪のファッションショーになる。
ショーそのものをやめた方がいいかもしれない。
このままではすべて駄目になる…。

憧れだったパリコレクションデビュー当日の２０１４年9月23日。数時間後に開場が迫った15年春夏コレクションの会場、ボザール・メルポメーヌで絶望していた。

白から黒へ。白い服を一瞬にして黒に変える。「ＳＨＡＤＯＷ」と名付けたコレクションに、勝敗を分ける演出を用意していた。

光が当たると色が変わる、フォトクロミック色素を応用した服の披露だ。パリコレ史上かつてない意外性と革新性を観客に伝えられる。テクノロジーの応用が、拍手喝采を浴びるのは間違いないと信じ切っていた。

リハーサルの時間が1秒1秒となくなっていく。
変わるはずだった色が変わらない。
黒になるはずの白い服が黒にならない。

真っ白い服をそのまま披露しよう。後から、服の色が変わるはずだったことを説明するしかない。勝敗を分ける演出はあきらめよう。

追い詰められていた。

何のためにパリまでやって来たのだろう…。これですべてが終わる。

ショーの1週間前に現地入りし、日本の照明機材を持ち込んだ。室内の会場で試験照射を繰り返した。フォトクロミック素材の服はわずかしか色を変えなかった。白い服は黒に変わるはずが、変わらなかった。淡いグレーに変わるだけだった。素材は紫外線に反応する。

東京で試した時には完璧だった。白は光に応じて黒へ劇的に変わった。

東京とパリの電圧事情が異なるからか、日本の照明機材がつくる紫外線の量と質が異なっているようだった。

ショー当日まで残すところ3日の時点で、慌てた。照明機材を扱うレンタル店を訪ね、20点の大型照明を調達した。会場の照明の数を2倍にした。それでも服の色は黒にならない。紫外線を極力出さないタイプの照明しか現地に流通していなかったからだ。

打つ手はなかった。

▽最後のリハーサル

神田恵介さんが、近づいてきた。神田さんは僕を応援するために3日前にパリに着き、最後のリハーサルに立ち会っていた。

ファッションショーのスタートまで1時間。照明機材をどう操作しても、メインの服は白からグレーにしかならない。焦りが最高点に達した。あきらめの決断をしなければならないと思い、僕は言った。

「グレーにしか変わらないなら、ショーにこの服は出しません」

神田さんが応える。

「森永。グレーでも、色が変わることをお客さんに見せればいいじゃないか。やめる必要はない」

僕らは議論した。

「森永。よく聞けよ。お前がやりたかったのは黒い服をつくることじゃないだろ。服に影をつくることだろ。影は真っ黒か。完璧に黒色の影ばかりじゃないだろ。灰色の影だってある」

その言葉で目が覚めた。

「服が真っ黒に変わらなくても、影はできる。光の当たるところがグレーになれば、光の当たらないところは白いままだ。光の前で二人のモデルが重なれば、後ろに回ったモデルの服に影ができる。影の色は白だ。白い影。ショーのタイトルはシャドウだ」

アイデアが固まった。

黒で見せるショーではなく、影で見せるショーだ。黒から影へ、舵を切った。

スタートまであと30分を切った。モデルリハーサルが始まった。

長方形の舞台の中央に照明機材を4基配置した。舞台真ん中の半径1・8メートルのスペースにだけ四方からライトを当てる。

モデル二人を指定した場所に立たせ、光を強く浴びせた。最終テストだ。白いコートはグレーにしか変わらなかった。ただ、光が当たっていない箇所には白い影がくっきりと残った。僕は、それを見ていて鳥肌が立ち、泣きそうになった。フォトクロミック素材を知らないスタッフたちが驚き、不思議そうに見ている。

あの場所に入るとなぜ影が服に残るのだろう。何が起きたのかと。

「この演出にすべてをかけよう」と思う僕に、神田さんが寄り添っていてくれた。

▽影を着る

パリコレクションの公式スケジュール初日を飾るアンリアレイジのファッションショーが

20分遅れで始まった。

ショーの1体目は白のパッチワークと黒のパッチワーク。ショー前半のコンセプトは白黒の服だった。影になる部分を黒の切り替えで表現した。斜めに伸びる黒い影は、左右非対称なシルエットを生んだ。

白と黒の左右非対称であるジャケットやコートを着たモデルが、長方形の舞台を交互に歩く。モデルは12人。観客は退屈な白と黒のショーだと思ったに違いない。ショーの中盤に差しかかったとき、全身真っ白なコートのモデル二人が舞台中央に立ち止まった。

二人のモデルは背中を合わせ、一つに重なった。

一人は前方を、もう一人は後方を見る。

二人はじっと動かない。強い照明を浴び続ける。

その間、50秒。会場は静寂に包まれた。

観客に退屈の色が見える。

二人が前方と後方へ向かい、分かれて歩き始める。

コートとジャケットに影ができていた。白い影だ。

光をさえぎった手の部分を除き、服はグレーに変わっていた。モデルの体が互いに重なり合っていた部分を除き、グレーに変わっていた。影の色が白だとはっきり観客へ伝わっていた。

突然、拍手が沸き起こった。

指笛が鳴った。

それをバックステージで聞いた。

ファッションショーの途中で拍手が起きたり、指笛が鳴らされたりすることはめったにない。だから、言葉が出てこなかった。

ショーはまだ半分だ。

木陰模様のレースの切り抜きが施されたオーバーコートを着たモデルは、光を強く受けた後、オーバーコートを脱いだ。下に着ている白いワンピースが、切り抜きの模様に合わせて、木陰模様に変わっている。

再び拍手が起きた。

最後にレーザープロジェクターで紫外光を白いドレスに照射した。

2分20秒。

光のライブドローイング。

光の粒が当たった箇所は、影の痕跡を残す。

モデル二人は動かない。観客に退屈の色は見えない。期待感だけが高まった。フィナーレが始まった。

モデル二人の着ていたドレスに影のパッチワーク模様が描かれた。拍手と口笛が鳴る。

ブラボーの声が聞こえた。

バックステージに戻ってきたモデルは泣いていた。観客もジャーナリストもスタッフもバックステージに詰めかけ、興奮気味にショーの感想を口にした。

僕は感極まって泣いていた。

パリコレデビューを飾った15分30秒はこうして終わった。

バックステージで、12年前に青山円形劇場で行ったショーについて思い出していた。あれからずいぶん時間がたち、舞台は変わった。しかし、アンリアレイジは変わっていなかった。白いパッチワークでショーが始まり、途中で白い服を黒の服に変える。フィナーレはライブドローイング。青山円形劇場のショーとパリのショーは深くつながっていた。

神田さんと共にパリで闘ったから、敗れなかったと信じている。

ショーの最中に拍手が起きた服は、神田さんの一言がなければ、生まれなかった服だ。二人でつくりあげた服があったからこそ、敗れずに済んだ。

▽一夜明け

パリコレデビューから一夜明けると、アンリアレイジは最先端テクノロジーを駆使する日本のブランドとして注目された。

ファッション誌のヴォーグは「超現代的な魔法の手品を見せたアンリアレイジ」の見出しを掲げた。映画監督の巨匠ヒッチコックを引き合いに「アンリアレイジのショーは、私たちに言葉を失わせる未来を垣間見せた」と評した。

ファッションメディアのＷＷＤは「ウェアラブル技術に対する関心が高まる中、アンリアレイジのデザイナー、クニヒコ・モリナガは光に反応する生地を使った秀逸なショーを披露した」とする記事を掲載した。

ほかの記事も含めて、どれも好意的な内容だった。ヴォーグ誌はさらに後日、「アンリアレイジのパリコレデビューには多くの期待があった」とするコレクション評を掲載した。新しい日本人デザイナーの登場はパリコレに刺激を与えるだろうと指摘し、高度なテクノロジーを活用した服づくりとフォトクロミック素材に注目していた。記事の結びには、パリコレの日程に素晴らしいコレクションを追加してくれたとあった。

▽戦場

パリコレクションは、ファッションショー当日はもちろんのこと、そこにたどりつくまでの道のりもまさに戦場だった。

パリコレに公式参加するのは簡単なことではない。それは十分理解しているつもりだった。

半年前のことだった。パリコレのコーディネーターとして知られる大塚博美さんに相談した。博美さんがパリから一時帰国するとの話を偶然、耳にし、時機をうかがっていた。パリに進出した先輩デザイナーの多くが博美さんを頼った。東京・渋谷で初めて面談した博美さんの言葉は厳しかった。

「パリコレの公式スケジュールに登録されるのは極めて狭き門。100席の枠を世界中のブランドが獲得しようとしのぎを削っている」

コーディネートの協力依頼は断られた。

「パリで展示会を何シーズンかやる。次に非公式の、オフのショーを何シーズンかやる。現地で認めてもらいながら、公式スケジュールを目指してください」

「アンリアレイジはショーありき、なのです。展示会では伝えきれない部分があります。パリコレクションから始めたい」と再考を迫っても、博美さんは態度を変えなかった。

面談後、博美さんは気を落としている僕を気遣い、バーへ誘ってくれた。博美さんからもっとパリの話を聞きたかった。二人でバーの扉をくぐった。しばらくすると僕の伯父が酔った顔でバーに入ってきた。まったくの偶然だった。博美さんは伯父のことを直接は知らなかった。

▽縁

博美さんは、伯父である森永博志から僕が甥っ子であることを知らされ、二人の顔を見比べていた。

話が弾み、博美さんと伯父の間に縁があることが分かった。博美さんは、一世を風靡《ふうび》したスタイリスト、堀切ミロさんのパリでの仕事に関わったことがあった。

伯父は高校生の時に家出し、行方知れずになった。住み込みの新聞配達、印刷工、建設労働者、倉庫番などを経て二十代半ばに編集者になった。人気雑誌や荒俣宏さんのベストセラー小説『帝都物語』の編集を担当して注目された。伯父のパートナーは堀切ミロさんだった。

博美さんは仕事への姿勢についてミロさんから厳しく教えられ、今あるのはミロさんのおかげだと感謝していた。伯父がミロさんにつながり、ミロさんが博美さんにつながり、博美さんが僕につながり、僕は伯父とつながっていた。

こんな偶然があるのだろうか。

僕―伯父―ミロさん―博美さん―パリ、と。ファッションの神様が僕をパリにつないでくれた。

ミロさんは2003年9月に59歳で亡くなっていた。ミロさんの思い出話になり、博美さんは泣き崩れた。

「三人がこのバーで会ったのは、わたしの恩人である堀切ミロさんの計らいだと思う。ミロさんがアンリアレイジのパリ進出を望んでいるなら、わたしは全力で後押しします」

僕は黙って頭を下げていた。

▽伯父の存在

伯父がいるらしいと知ったのは二十歳のころだ。年が一つ違う、いとこから聞いた。「伯父はファッションや音楽に詳しいらしい」。父は二人きょうだいで、いとこの母親である姉がいるだけだと信じていた。僕の父と母、同居する祖父と祖母は伯父のことを口にしたことはなかった。森永博志は森永家の最大のタブーだった。ローリング・ストーンズの楽曲を聴き衝撃を受け、17歳で家出した。その後、音信不通となった。

伯父は1985年に小説『原宿ゴールドラッシュ―宝が埋まっている街（青雲篇）』を出版し、作家デビューした。35歳の時だ。95年に出したノンフィクション『ドロップアウトのえらいひと』がベストセラーになり、「伝説の編集者・作家」と呼ばれるようになった。僕は出版元の編集部に問い合わせた。

森永博志は、父の兄である可能性があるかどうか。

僕は早稲田大学の2年生だった。服飾専門スクールの夜間コースにも通っていた。出版元を通じ連絡を取ることができた伯父のもとを訪ねた。「バズーカ」と呼ぶ型紙入れの円筒ケースを肩から下げた姿を見て、「大きくなったね。侍みたいだ」と伯父は言った。僕がつくった服を見せると「いいじゃないか」と気に入ってくれた。

それをきっかけに、ファッションショーを見に来るようになった。森永家から存在しないことになっていた伯父は、半世紀ぶりに森永家に戻って来た。

▽お墓参り

ファッションの神様は僕と伯父をつなぎ、次に伯父と家族をつないでくれた。

パリコレの正式参加が決まり、現地へ向かう前、伯父の案内でミロさんが眠る東京・西麻布のお墓を訪ねた。お礼とパリでの決意を伝えるためだった。ここでも縁の深さに驚いた。ミロさんのお墓は僕が以前に住んでいたマンションに隣接していた。僕の暮らした２０６号室は、ミロさんのお墓の目の前にあった。

２０６号室を借りるとき、二つの部屋が空いていた。僕はそのうち窓からお墓が見える２０６号室を選んだ。静かで落ちつける印象があったからだ。伯父と墓前で手を合わせると、ミロさんの導きがあったからだと思えてならなかった。

博美さんとのパリ詣でが始まった。羽田と成田からシャルル・ド・ゴール空港へ２週間おきに飛んだ。

２０１３—１４年秋冬コレクション「ＣＯＬＯＲ」のフォトクロミック素材を使った服などをトランクに詰め込んだ。アンリアレイジのブランドイメージに合うセールスとプレスのエージェントを現地で探し回った。

7月上旬に始まるバカンスの前に、パリコレの公式スケジュールを決定する、通称サンディカと呼ばれる仏オートクチュール・プレタポルテ連合協会のオフィスで、面談とプレゼンテーションの機会を得た。博美さんの頑張りのおかげだった。

面談する部屋に通された。六角形のテーブルが中央に据えられていた。夏と変わらないまぶしい太陽の光が部屋に差し込んでいた。

このテーブルでパリコレに関するすべてのことが決められるのだろうか。パリに進出した先輩の日本人デザイナーたちも、このテーブルを囲んだのだろうか。なんだか、とても神聖な場所に感じられる…。

協会の会長に真摯に訴えた。ブランドをグローバルに展開したいこと。ニューヨークでなく、ロンドンでもなく、ここパリでショーをしたいこと。アンリアレイジの武器は二つあり、一つはテクノロジーを使った服であること。もう一つはパッチワークの服であること。

会長はアンリアレイジのコレクションについて事前に情報を得ていた。ファッションショーの映像も見ていて、カルト的な印象をブランドに対して持っていると言った。

▽パリの太陽

真っ白なドクターコートとシャツに、真っ白なボトムを僕は身に着けていた。いずれもフォトクロミック素材を応用し、紫外線に当たると青色に変わるものだ。

持参した服をハンガーに掛けていると、強い太陽光が窓から差し込んだ。白い服は一瞬でカラフルな色に変化した。僕のまとった服も青色に変わっていた。

その場が突然、沸いた。「クレイジー」と会長は言った。

服の色を変えるために日本から持ち込んだライトは出番がなかった。パリの太陽は味方だった。

サプライズを狙ったプレゼンテーションは成功した。

3カ月後に迫った2015年春夏コレクションの公式スケジュールに、アンリアレイジが登録されることが固まった。「前例はないが、最初からオンで、公式スケジュールでいきましょう」と会長は言った。

ファッションブランドのパリ進出はふつう、何シーズンかにわたり非公式の「オフスケジュール」でコレクションを発表する。それだけに、パリで実績のないアンリアレイジが「オンスケジュール」に公式登録決定されるのは、異例中の異例だった。

2009年春夏コレクション「○△□」より（© アンリアレイジ）

第七章
発想のヒント

▽シャツ

一日中、シャツを見ていた。
来る日も来る日も、一日中。
シャツを観察していた。
シャツについて考えていた。
もう一週間にもなる。

シャツには触れない。自分にそのことを課していた。シャツについて徹底的に考えるためだ。アンリアレイジが大切にしてきた「手仕事」から距離を置く。だからシャツに触れてはいけない。

2008年の梅雨のころだった。
08―09年の秋冬コレクション「夢中」のショーが終わった後だ。ファッションジャーナリストから、「神は細部に宿る」を服づくりのテーマにするアンリアレイジの精神性がコレクションから伝わってこないと批評された。

「夢中」のコレクションはひな祭りをモチーフに、過剰な手仕事による装飾が特徴だった。十二単《じゅうにひとえ》のパターンを使い、古着のドレスを重ねてつくったドレス。ツイードに塩化ビニールで押し花を貼り合わせたスーツ、200種類を超える古いおもちゃのビーズを無数に飾り付けたコートなどがあった。

気が遠くなるほど「手仕事」に時間をかける。「パッチワークの世界」は、エスカレートしていた。2シーズン1年前の2007—08年秋冬コレクション「遥か晴る」とそれに続く「夢中」のコレクションは、「足し算に足し算を重ねる」ことを試み、ある種の飽和点を迎えていた。

ファッションジャーナリストは言った。

「装飾の数や量で伝えることがアンリアレイジの本来の目的なのか。そもそも『神は細部に宿る』は、声高に主張すべき言葉ではないはずだ」

細部の意味をはき違えていたのかもしれない。

▽足し算

僕自身がよく分かっていた。

過剰な装飾を服に施すため、1万個を超えるビーズを付けたり、数千枚の端切れを縫い合わせたりする手仕事には物理的な限界がある。実際に、手仕事を一日中やっても生産が追い付かなかった。注文に応じるには睡眠を削るしかない。膨大な時間をかけて装飾の量を積み上げる「足し算に足し算を重ねる」服づくりは崩壊寸前だった。

手を動かすのをやめよう。

手を動かす代わりに、考えよう。

考えるために観察しよう。

次の2009年春夏コレクションまで3カ月の猶予があった。考えるためにシャツを観察した。1週間が過ぎても、考えは何も浮かばなかった。シャツに触れたい衝動に駆られた。しかし、我慢した。後戻りしたくない。先に進みたかった。

信じようと思った。

手を動かすことと、考えることは同じ価値を持つ。膨大な時間を手仕事にかけることと、膨大な時間を考えることに費やすことは実は同じだ。

▽トルソーと人

シャツの襟が三角形をしているのはなぜか。

シャツの袖口に開きがあるのはなぜか。

シャツの裾が湾曲しているのはなぜか。
シャツをつくる原型となる人体型のトルソーについても疑問が湧いてきた。人が着るシャツをトルソーに着せるのはなぜか。

バランスのとれたトルソーは何を着せても美しい。でも人はトルソーとは違う。トルソーの9号サイズは、バスト83センチ、ヒップ91センチ、ウエスト64センチが標準となっている。その標準サイズとまったく同じ大きさの人間が世界77億人のうち、どれだけいるのか。今までトルソーに合わせて服をつくってきた。しかし、トルソーに合う服は人にも合うと勝手に思い込んでいただけではないか。

一つのトルソーを基準として服をつくるということは、多様な人体に合わせて服をつくることを結果的に排除することになる。それはナンセンスで、暴力的であることに気づいた。

トルソーは一般的に5号から21号まで奇数番号で示される。偶数番号のサイズはなく、その大きさは存在しないものとして扱われている。バストとウエストは数センチピッチでサイズが違う。人の体は千差万別。体の大きさも幅も、手足の長さも、数センチピッチで違うわけではない。それぞれのサイズは本来、境界をもちながら連続している。服が体に合わせるのではなく、体が服に合わせている。ファッションの世界では服が人に合わせるのではなく、人が服に合わせている。

▽布と石

「刻まれるファッション」より、「連続するファッション」を好む。日常と非日常は連続していて、生と死も連続していると考えていた。アンリアレイジの名前はその表れだったはずだ。なぜだろう。そこから随分、遠くに来てしまっていた。

母は若い頃、服飾の短期大学へ通っていた。最初の授業の課題は、いびつなかたちをした石ころを一枚の布で包むことだった。平面の布で立体の石を過不足なく覆うことだった。

ずっと昔に母から聞かされた話を思い出した。すぐに石ころを拾ってきて、今度はそれを観察した。

布は平面、石は立体。服は平面、人の体は立体。弁証法的に言えば、互いに対立する。平面の服に対し、対極にあるのは立体である体だ。面から最も遠いところにある立体とは何だろう。

それが球体であると分かった時、次のコレクションについてアイデアがひらめいていた。原子核を回る電子も球体だし、天体も同じ球体だ。ミクロの世界からマクロの世界までを貫く根源的なかたちが球体である。

球体を服にできないだろうか。

アトリエの近くに明治神宮野球場があった。散歩のついでに野球を見た。ふと野球のボールに関心が向いた。皮でできた硬式球をすぐに買った。次にバスケットボール、サッカーボール、バレーボールと手当たり次第だった。最後はビーチボールまで求めた。ボールを分解して驚いたのは、ボールの種類によって球体を包む布のかたち、パターンが異なることだった。多彩な構造に驚いた。最もシンプルな野球のボールは、たった二枚の布で完全な球体がつくられていた。

▽似合わない

小さなヒントは大きなヒントを生む。僕はミカンが好きだ。ミカンの皮をむいていた時、服の設計図を描くパターンメーキングとミカンの皮むきの共通点に気づいた。ミカンの皮の内側の実は、人の体であると。ミカンの皮にナイフで線を引くとシャツのかたちになった。ミカンの皮はどんなかたちにもむける。

答えが見つかった。

四つの穴が開いていれば人はどんなものでも着られる。頭と両腕、胴体が通るための穴が開いていれば、どんな布も服になる。世界中で「誰の体にも似合わない服」は、球体にフィットする服だ。これは従来追求されてきた「誰の体にも似合う服」という幻想を浮かび上がらせる。球体にぴったり合う服をつくることで、画一化された服づくりの根底に潜む「ゆがみ」「ずれ」「ひずみ」をあぶりだすことができる。

もし人が球体の体を持っていても、穴が四つあいた服ならば着ることができる。

球体がまとえる服をつくれるなら、三角錐も直方体も同じようにデザインできる。

球体、三角錐、直方体にこだわったのは、○と△と□がかたちの基本であり、誰もが知るシンプルな記号だったからだ。

２００８年10月の09年春夏コレクション「○△□（まるさんかくしかく）」はこうして誕生した。直径60センチの球体、一辺75センチの三角錐、一辺45センチの立方体を人体に見立てて着せた服を展示した。ボタンは立体の直角に合わせ、肘は三角錐のかたちに添うように変形させた。シャツやトレンチコートは立体から脱がされ、人が着ると新たなかたちをつくった。球体のシャツは、フロントが歪《ゆが》み、背中にドレープのひだが寄った。立方体のトレンチコートは、ケープジャケットに近いシルエットが現われた。

ナンセンスで暴力的な側面のあった「日常」の服が美しく見えるときがあるように、「非日常」の○△□の服が美しく見えるときがあっていい。とことん考え抜いてできた服はシンプルだった。ファッションジャーナリストから厳しい言葉を突きつけられた過剰な装飾の服は、一転した。

1週間、シャツをただ眺めるだけの時間を惜しんでいたら、変われなかった。こちら側から一番遠いあちら側に答えがあることを見つけられなかった。服のかたちを根本から問い直すシリーズを始められなかった。「○△□」に続く2009―10年秋冬の「凹凸」、10―11年秋冬の「WIDESHORTSLIMLONG」、11年春夏の「AIR」は、いずれも服と体の関係を揺さぶる狙いがあった。

前出のファッションジャーナリストは「新境地ともいえる作品。創意に向けられる研鑽が強く感じられるデザインだ」と評した。アンリアレイジが変わったこと。単なる四つの穴の服が常識を覆したこと。これを認めてくれる人のいることが素直にうれしかった。

▽次は色

ファッションは色とかたちである。2008年10月に「○△□」のコレクションを発表してから8シーズン4年が過ぎていた。

次は色で勝負したい。かたちから色に闘いの場を変えたい。服のかたちが絶対ではないことを提案してきた。次は、服の色が絶対ではないことを証明したい。

新しい色をつくりたい。

誰も見たことがない色をつくりたい。

花の色は変わる。枯れれば色は薄れ、やがて消える。色をつくる光でさえ決して一定ではない。光と共に移ろいゆく色を服で表してみたい。

そう考えながら、愛用の消せるボールペンをじっと見ていた。

黒と赤の回転式ボールペン。黒い字を書いては消し、赤い字で書き直す。それをまた消す。これだと思った。発想のヒントは身の回りにいつもある。文字を消せるボールペンのインクで、服を染めたらどうなるだろう。

すぐに筆記具メーカーに電話で問い合わせた。消えるボールペンのインクで服を染めたいと伝えると、相手にしてくれなかった。翌日に再び電話し、決して冗談ではなく、本気でやりたいことを説明した。担当者は、外部刺激で色が変わる「クロミック材料」と呼ばれるものがあることを丁寧に教えてくれた。その中に、熱で変わるもののほか、光で変わる「フォトクロミック」があった。明らかにファッションの世界とは違う、今までに聞いたことのない名前にひかれた。

▽伴走者

化学物質のフォトクロミックを扱う会社を探し回った。日本で1社だけ、フォトクロミックを染料に使用できる可能性のある工場があった。商談を申し込み、染めたい服の素材候補を持参した。工場側の技術担当者が染色可能な候補を選別していく。フォトクロミックを扱ったことはあるが、服を対象に生地を染めた経験はなく、成功は1割以下だと言った。それでも挑戦してみると付け加えてくれた。手ごたえはあった。工場側から伝わってくる「熱量」がとても大きかったからだ。

待ちに待った試作品が後日、送られてきた。届いた試作品のテキスタイルは真っ白だった。それを外に持って出た瞬間、目を疑った。真っ白なテキスタイルは光を浴びて、その場で青や赤に鮮やかに変わった。何が起こったのか理解できなかった。

テキスタイルを前にアイデアが次々に浮かんだ。あれも染めたい。これも染めたい。染色の作業は質と量のどちらも大切だ。

工場側は染色機の横にスタッフを張り付け、生地を広げながら染める「手仕事半分・機械仕事半分」の態勢で臨んだ。フォトクロミックは染料が透明のため、狙い通りの色に染まっているかどうかを作業の途中で判断することはできない。徹夜で染め、翌朝に屋外で色を確認することを繰り返した。毎日天気が違うため、紫外線に反応する生地の見え方が違った。

フォトクロミック素材を初めて応用した2013―14年秋冬コレクション「COLOR」は、13年3月にショーがあった。都内の会場には染色工場のスタッフらが駆け付けた。白衣を着たモデル二人が舞台に現れ、中央で立ち止まる。床が自動で回り始める。天井の照明が強い光を浴びせると、床が1周回る間に一人はピンクに、もう一人はブルーに徐々に変わり始めた。白い世界は色鮮やかな世界に変化した。拍手が起きた。

ファッションショーはたった10分で終わる。デザイナーはそのために半年間の膨大な時間を注ぐ。1回限りの闘いだ。ファッションショーほど生々しいものはないし、ファッションショーほどはかないものもない。ショーが終わった瞬間には次のショーのカウントダウンが始まっている。

ファッションショーはたいてい、開演前に勝負がついている。リハーサルを繰り返して問題点を修正し、モデルをランウェイに送り出す。モデルが転ばない限り、成功は約束されているだろう。アンリアレイジのショーは違う。ショーが始まってからが本当の勝負だ。ショーの途中で服の色が計算通りに変わるかどうかは誰にも分からない。光をコントロールできないからだ。観客が固唾《かたず》をのんで変化を見守るように、バックステージで僕も固唾をのんでいる。

服の色が変わらなかったらショーは失敗。服の色が計算通りに変化しなかったらショーは不成功。そうは考えない。最大の失敗は、アンリアレイジが勝負から逃げることだ。その日その場でしか起こらない「一瞬の勝負」を観客と共有することが大切だと信じている。音楽のライブと同じだ。アンリアレイジが発する熱と観客の熱が化学反応を起こしさえすればそれでいい。

1年半後に、このフォトクロミック素材の服でパリコレデビューを飾った。回転式ボールペンの「すこしふしぎ」に気づかず、筆記具メーカーに電話をしていなければ、パリ進出はかなわなかった。筆記具メーカーから聞いたフォトクロミック物質について、染色工場を訪ねていなかったら飛躍はなかった。染色工場のスタッフらの熱意と粘りがなければ、新しい色をつくる夢ははかなく消えていた。

発想力は行動力を伴って初めて実を結ぶ。思い立ったらスタートを切るしかない。考えて、考え抜く。走って、走り切る。あきらめなければ、伴走者は必ず現れる。遠回りをしてもたどり着ける場所はある。

▽震災

アンリアレイジは２０１１年３月初め、東京・原宿に初の直営店をオープンした。２週間後には11―12年秋冬コレクション「ＬＯＷ」が控えていた。東日本大震災はその間に起きた。先行きが不安でならなかった。

被災者へ何もできない無力感を覚える一方、ファッションの力が試されていると思った。

電力を要する東京コレクションは、中止が決まった。アンリアレイジの縫製工場の一部は三陸沿岸の宮城県気仙沼市にあり、ファッションショーに準備していた服は津波で流された。考えた末、当初より１カ月後遅れでショーを開くことを決めた。ファッションを止めてはならないと思った。

水素爆発を起こした東京電力福島第１原子力発電所。鉄骨がむき出しになった原子炉建屋の異様な姿が、頭の中にずっとこびりついていた。そのモチーフをかたちにするには、１年半以上も後の２０１３年春夏コレクション「ＢＯＮＥ」まで待たなければならなかった。「ＢＯＮＥ」は死生観を反映している。

かたちがなくなった時、何が残るのだろう。

かたちに命があるなら、かたちが死んだ時、どんな姿を最後に見せるのだろう。

平面の対極に立体があったように、面の対極には線や点があった。かたちとしての骨組みは、線で構成されているから、線は骨組みを表現する手がかりになる。線だけで服をデザインすることができないか。「ＢＯＮＥ」の発想のヒントはそこにあった。

かたちが生きているなら、かたちの表面は皮や肉に違いない。かたちの内部の奥深くにあるのは骨だ。骨と骨の構造である骨格が、かたちを構成している。

かたちのことを考えながら、かたちのコレクションから離れる覚悟を固めていた。フォトクロミック素材を初めて応用する色のコレクション「COLOR」は、「BONE」のショーが終わった半年後に発表した。

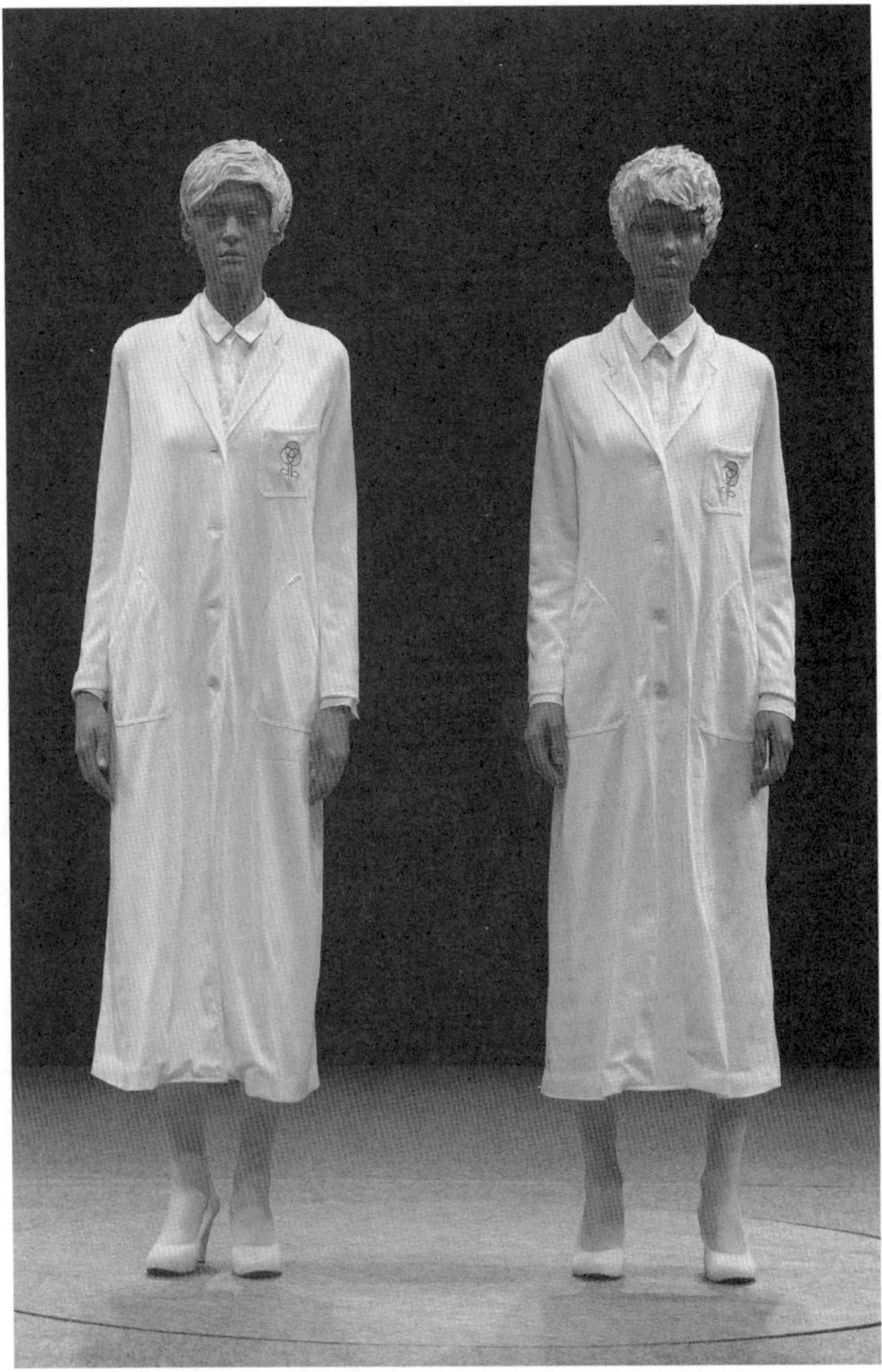

2013-14年秋冬コレクション「COLOR」より（© アンリアレイジ）

第八章

色とかたちの非日常

▽変化

人前で泣くことはなかった。子どものころから忍耐強かった。感情をのみ込むことは得意だった。

自分を失うことはなかった。ファッションを始めてからは違った。服を見ながら、こらえら切れずに涙がこぼれてしまう時がある。振り返ると、あの京王井の頭線におけるファッションショーが人前で涙をこぼした初めての経験だった。あれ以来、ファッションショーのバックステージでは泣いてばかりいる。

バックステージ以外でもこらえられなくなる瞬間がある。2019年11月の「毎日ファッション大賞」授賞式がそうだった。「アンリアレイジは小さいブランドだけれども、多くの人がたくさんの血を注いでくれた結果、生き続けることが…」とスピーチをした時、わずか3秒間ほどだっただろうか、こみ上げてきた。ファッションを続けていなかったら、こんな姿を他人に見せることはなかったと思う。

ファッションによって僕は変わった。ファッションが僕を変えてくれた。それこそがファッションの力だと思う。

風貌もそうである。ファッションを始める前は1カ月に1回は髪型を変えた。流行に乗りたかったからだ。ファッションで生きようと覚悟を決めた21歳の時、バリカンを使い、髪を丸刈りにした。今までの自分と決別したかった。どんどん変わる自分を捨てたかった。それは変わることに価値を置くファッションの中で、ずっと変わらないものを握りしめておくことの所信表明だった。あの時から、スタイルを変えていない。今でも自分の姿を鏡で見ると、丸刈りをした当時の初心に戻ることができる。丸刈りは信じたものを体に残すこと、つまり記憶への刻印だと思っている。

ファッションは1シーズン半年ごとに服のデザインを変えなければならない。その中で変わらないものを信じるのも、ファッションだ。僕はそう思う。

ファッションは流行と訳される。必ず流れて行く。色とかたち、デザインには流行の大きな波がある。それは半年ごとに押し寄せる。大波に乗り遅れないよう必死になるブランドがある一方で、アンリアレイジは大波とは一定の距離を置き続けてきた。流行は古くなり、やがて消えていく。しかし、コンセプトは残る。アンリアレイジはそのコンセプトを軸にしてきた。

▽あらがう

ファッションの大きな流れにあらがおうとするブランドは、ファッション界に存在する従来の価値観を揺さぶり、既成概念を壊そうとする。それを僕はパンクと呼ぶ。周りが右に進もうとするとき、あえて左に行く。逆にみんなが左に向かおうとするとき、我慢して右へ進む。ファッションにおけるパンクは、かたちではなく姿勢、つまり精神そのものだと言っていい。

パンクファッションはふつう、服に穴を開けたり、引きちぎったりすることによって、服そのものを破壊しようとする。僕の考えるパンクはそうではない。日常に風穴をあけたり、裂け目を作ったりすることによって、服で日常を変えることだ。

パンクによって壊される方のファッションも、壊す方のファッションも同じくらいに美しいと感じる。一つのファッションが終わり、別のファッションが生まれるとき、両方に価値を見いだしたい。伝統的なファッションには積み重ねた時間が放つ調和や重さがある。革新的なファッションには従来の価値観を逆転させる爆発的なエネルギーがある。時代によってファッションの振り子が大きく振れるとき、革新と伝統、破壊と創造の振り子の真ん中にいたいと願う。真ん中にいることは容易ではない。真ん中で傷つきながらとことん考え抜き、双方の価値を認め、同時に受け入れたい。右と左の真ん中にいること。肯定と否定のはざまで考え抜くこと。それもパンクのあり方だ。

▽反射と熟考

２０１６年春夏コレクション「ＲＥＦＬＥＣＴ」は、一見すると「光のコレクション」のように見えるけれども、そこに秘められた精神はパンクそのものだ。英語のｒｅｆｌｅｃｔ

は「反射する」を意味する。物事がぶつかって跳ね返り、戻ってくる。その結果、集中するか、拡散するか。元のままか、変化するか。それは光の反射だけではない。ｒｅｆｌｅｃｔには、さらに別の重要な意味がある。「熟考する」だ。「ＲＥＦＬＥＣＴ」のコレクションは、「時代の流れを熟考する」過程から生まれた。

僕がファッションショーを始めたころは、スマートフォンでランウェイのモデルたちを撮影することはなかった。それがパリコレにデビューした２０１４年には、写真を共有するＳＮＳの浸透により、ショーの会場はスマートフォンで写真を撮ることに必死な観客であふれていた。肉眼で見る「実像」よりも、スマートフォンを通して見る「画像」に誰もが夢中になっていた。それを逆手に取り「実像」と「画像」の裂け目を求め、二つの像を反転させたのが「ＲＥＦＬＥＣＴ」だ。

今の時代を生きる人の必需品であるスマートフォンの世界を、ファッションによって揺るがす──。

みんなが同じようにスマートフォンの画面でファッションを伝えることに必死になるのなら、画面で伝わらないものを表現したい。スマートフォンでフラッシュをたいて撮影をすると、肉眼で見た服とは別の色彩が浮き上がってくる服。スマートフォンを通して見ると、「実像」とは全く異なる「画像」が現れる服。フラッシュの光の「反射」によって、元々の「像」とは違う「像」がスマートフォンの画面に映し出されるのは、日常が「反射」によって非日常に変わることを意味する。それは現実でも非現実でもない。

服の素材に、フラッシュの光を浴びると隠れていた柄が輝く「再帰性反射」の機能を取り入れた。ショーの観客には、スマートフォンでフラッシュ撮影をして服を鑑賞することと、会場に用意したヘッドホンの着用をお願いした。ヘッドホンは、音源を立体的に再現できるバイノーラル録音を採用した。ロックバンド、サカナクションの山口一郎さんがヘッドホンでしか聞けない音楽を制作・演出した。ヘッドホンを外した時には、音楽は聞こえない。重低音が聞こえるだけだ。それと同じようにスマートフォンを使わなければ、隠されている色彩や柄は見えず、真っ白な服をまとったモデルが会場を歩くだけになる。

視覚と聴覚で日常を揺るがす試み。画面の中でしか存在しない服。実体のない服をつくる挑戦に、アンリアレイジのコレクションは時代の流れを捉えながら「すべて反転されている」とファッション誌のヴォーグは評価した。

アンリアレイジに対するパリコレの評価がこれで固まった。アンリアレイジは「光」を扱うブランドとして認知された。

▽壁

突破できない壁を感じていた。

２０１５年春夏コレクションのパリコレデビュー以来、「光と影」をテーマにしたコレクションを３回続けた後だった。

「光と影」の３部作の次は何か。

切り替えようと思った。パッチワークのコレクションを中心にした初期の手仕事は第１期。「○△□（まるさんかくしかく）」で花開いた「かたち」とそれに続くコレクションは第

2期。「光と影」をテーマにしたコレクションが第3期。

服にとって、太陽や蛍光灯の光は大敵だ。服の色焼け、色あせ、劣化を光は促す。誰も取り組んだことのない光を取り入れる服づくりには、忍耐が必要だった。「光と影」のテーマは、服自身をのみ込もうとする巨大なブラックホールのようだった。

「REFLECT」の次の2016—17年秋冬は「NOISE」、17年春夏は「SILENCE」、17—18年秋冬は「ROLL」、18年春夏は「POWER」をテーマに掲げた。4シーズン2年にわたり「光と影」から離れた。ただ、ファッションへの応用例がない技術を服づくりに取り入れることだけは続けた。

単純な暗号を複雑に組み合わせて描いた柄に、フィルムを重ねると柄が現れる「視覚復号型暗号技術」。スマートフォンを服にかざすと服の視覚情報と聴覚情報が示される「AR（拡張現実）技術」。彫刻と服の融合を試みるために使った「ロボットアーム」と「3D技術」。力が加わると瞬間的に発光する現象の「メカノクロミック（応力発光）技術」。いずれも、それぞれの技術に精通する企業や技術スタッフの熱意があって、服づくり応用することができた。

アンリアレイジの評価は高まっていった。その反面、自分自身は葛藤していた。「光と影」のテーマを離れたものの、次に目標となるテーマが見つからなかったからだ。技術の応用にばかり関心が向き、そこに一貫したテーマがないことに心のどこかで気づいていた。

「ＮＯＩＳＥ」から「ＰＯＷＥＲ」までの4シーズンについて、自省の言葉を使って振り返ったことはない。この4シーズンは、「光と影」のコレクションと「かたち」のコレクションのはざまで足踏みしたシーズンだった。張り詰めた空気が僕の中でしぼみつつあった。

▽黒と透明

足踏み状態による迷いが生じていたころ、ガリエラ宮パリ市立モード美術館のアレクサンドル・サムソンさんに会った。彼は現代ファッションを専門にする学芸員。開口一番に言った。

「なぜ、『光と影』のコレクションを続けないのか。すべてのファッションデザイナーが服を光から遠ざけてきた。あなただけが光の中に飛び込み、光と服を一番近い場所に置いた。三部作の続きを私は見たい」

パリ市立モード美術館はアンリアアレイジの「光と影」のコレクションを数点購入した。念願だった。人の寿命をはるかに超える期間にわたり、アンリアアレイジのコレクションが美術館に収蔵される。１００年後の来館者はアンリアアレイジの服を見て何を感じてくれるだろうか。それを考えるだけで十分だった。

「ＲＥＦＬＥＣＴ」で一度終止符を打った「光と影」のテーマ。光の反射の先には一体何があるのか。反射して跳ね返ってきた光はやがて消える…。２０１８—１９年秋冬「ＰＲＩＳＭ」と19年春夏「ＣＬＥＡＲ」のコレクションを発表した。

二つの色のうち、最も対極にある色は白と黒だろうか。そうではない。透明と黒だ。「ＣＬＥＡＲ」は、光を完全に吸収して色を消す「黒」と、光を完全に透過する「透明」に注目した。対極にありながら、光のない状態では同じだ。その二つの色を自由に行き来する服をつくろうと思った。難題は素材の開発だった。

ファッションとは無縁である化学メーカーの三井化学が、開発に当たった。２０１８年９月下旬のパリコレに間に合わせるには、３カ月以内に開発する必要があった。３カ月でとても開発できる素材ではないと三井化学側は主張した。何が開発のネックになるかを工程ごとに尋ね、食い下がった。担当の研究者は「ハードルが高い課題が10個ほどある。その課題がどれも一発のテストで解決できたら、パリコレに間に合う可能性はある」と説明した。

開発は不可能ではないと理解した。「新しい素材は新しい服を生む。それは新しいファッションをつくること。今回のパリコレは、素材で勝負したい」。開発に携わる研究者も、アンリアレイジと同じ目標を共有するようになっていた。その気持ちが一体感を生み、開発を加速させた。

開発を始めた時、コレクションの名前は決まっていなかった。三井化学との協業の中で、名前が固まった。開発最大の関門は、黒い液体を透明にできるかどうかだった。実験で希望通りの液体ができれば、固体のボタンもビーズも、さらには糸もつくれるからだった。実験の日、最初に見た試験管の液体は真っ黒だった。それが徐々に透明へ変わっていった。まるで川のよどみがなくなるかのようだった。もやもやした気持ちは晴れた。コレクションの名前は「クリア」に決めた。

当時の制作メモに記している。

淀《よど》みを透《す》き、曇りなく晴らす。
色なき色に祈りを捧ぐ。
遥《はる》か先を見るために。

その結果、誕生した色が「フォトクロミック」のクリアブラックカラーだ。透明と黒。どちらも「光がない色」でありながら、対極の2色が共存する。２０１８年9月25日のパリコレ当日。黒のドレスから始まるショーは、ドレスの色が舞台上で徐々に薄くなり、色はやがて消え、フィナーレには透明に変わった。

世界の化学メーカーである三井化学の協力により、既存の技術をファッションに「応用する」だけのスタイルから、共同開発を通じて新素材を「開発する」スタイルへアンリアレイジは成長できた。

▽大きい細部

自分自身のファッション観は「色」と「かたち」に分類される。「光と影」のコレクションは「色」のコレクションで、集大成は「CLEAR」だ。一つのテーマで5年間、挑戦し続けた結果、ひと区切りつけることができた。

「CLEAR」のショーでも、片時も忘れたことのない服づくりのこだわりがある。細部への情熱だ。アンリアレイジの原点である「パッチワークの精神」と言っていい。その表れが、黒から透明に変わる無数のボタンだった。クリアブラックカラーのボタンは、スタッズ、パール、スパンコールと合わせると数万個になっただろうか。それらを一つ一つ、服に縫い付けた。透明に輝く無数のボタンやパーツは、僕にとって「細部に宿る神」だった。

2019—20年秋冬コレクション「DETAIL」は、1シーズン前の「CLEAR」でも貫いた手仕事が起点だった。「神は細部に宿る」へ戻ろう。そして「色」のコレクションから離れよう。「光と影」に象徴される「色」のテーマを「かたち」に置き換えたらどうなるだろう。「かたち」における影とは何だろう。それは光の当たらない細部に違いない。細部に光を当てれば、「細部に宿る神」の再発見になる。「ＤＥＴＡＩＬ」は「光と影」の「かたち」への応用だった。

デザインを細かくする気はなかった。細部そのものを裏切りたい。細部が小さいなら、大きい細部があっていい。小さいものをとてつもない大きさに変えることで、サイズの固定観念を揺さぶりたい。ヒントは、自分の着ている服の袖口へ視線を落としたときにあった。袖口から小さい手が出ている。小さい手ではなく、体が出たらどうだろう。袖口そのものを服にするアイデアが浮かんだ。袖口のスケールを変えることで、そのかたちはウエストにフィットするスカートになる。服全体の中で細部にしかすぎない袖口や襟、ポケットを拡大し、服そのものにする。ショーの前に、写真共有ＳＮＳのインスタグラムで発表したコレクションは、スマートフォンの画面ではサイズ感が伝わらないようにした。このため、ショーを実際に見た観客はサイズを３００％拡大した袖口や襟の服に目を疑い、細部の見方を変えるきっかけにしてくれた。

色のコレクションの集大成が「ＣＬＥＡＲ」なら、「かたち」の集大成は、「ＤＥＴＡＩＬ」から２シーズン後の２０２０－２１年秋冬コレクション「ＢＬＯＣＫ」だ。アンリアレイジの第２期の扉を開いた「○△□（まるさんかくしかく）」の延長線上にある。

「ＢＬＯＣＫ」では最初、人の体を一つ一つのパーツに変換し、体そのものはパーツの寄せ集めだと考えた。人の体を積み木のように円柱、半円柱、直方体、三角柱のパーツに見たてた。パーツを自由に組み合わせて自由なかたちの服をつくる。まるで子どもが積み木を用いて独自の世界や宇宙とつくるのと同じだ。

▽積み木の宇宙

上に積みあがっていくものが好きだ。幼少時に撮った自分の写真を見ても、背の高いロボットをブロックでつくっている。

積み木のことを調べていくうちに、子どもが積み木で表現するものに木が多いことを知った。そして家や星、ロケット、花があった。限られたパーツで生命を表現し、自分だけの宇宙を創造しようとしていた。

積み木で服をつくろう。
つくってはこわし、こわしてはつくる。

服の身頃や肩、袖口は同じサイズの円柱、半円柱、直方体、三角柱のシンプルでかわいらしいかたちにした。服に付けるブランドネームのタグは、パーツごとに付けた。ネームタグは1カ所という服づくりのルールを壊した。神は細部に宿ることから、パーツ一つ一つを尊重し、一つ一つの組み替えができるような構造にした。

たとえばＭＡ－１ブルゾンの身頃に、トレンチコートの肩とブレザーの腕を取り付ける。組み替えにより身頃はスカートに、袖口はパンツの裾にもなる。

パーツが手元に6種類あれば、720通りの服ができる計算になる。積み木の組み合わせが無限に広がっているのと同じだ。

「BLOCK」で試みたことは、アンリアレイジが提案した服が決して「正解」ではないということだ。デザイナーが服をつくるのではなく、服を着る人が服をつくる。デザイナーの想像を超えた世界がそこにある。

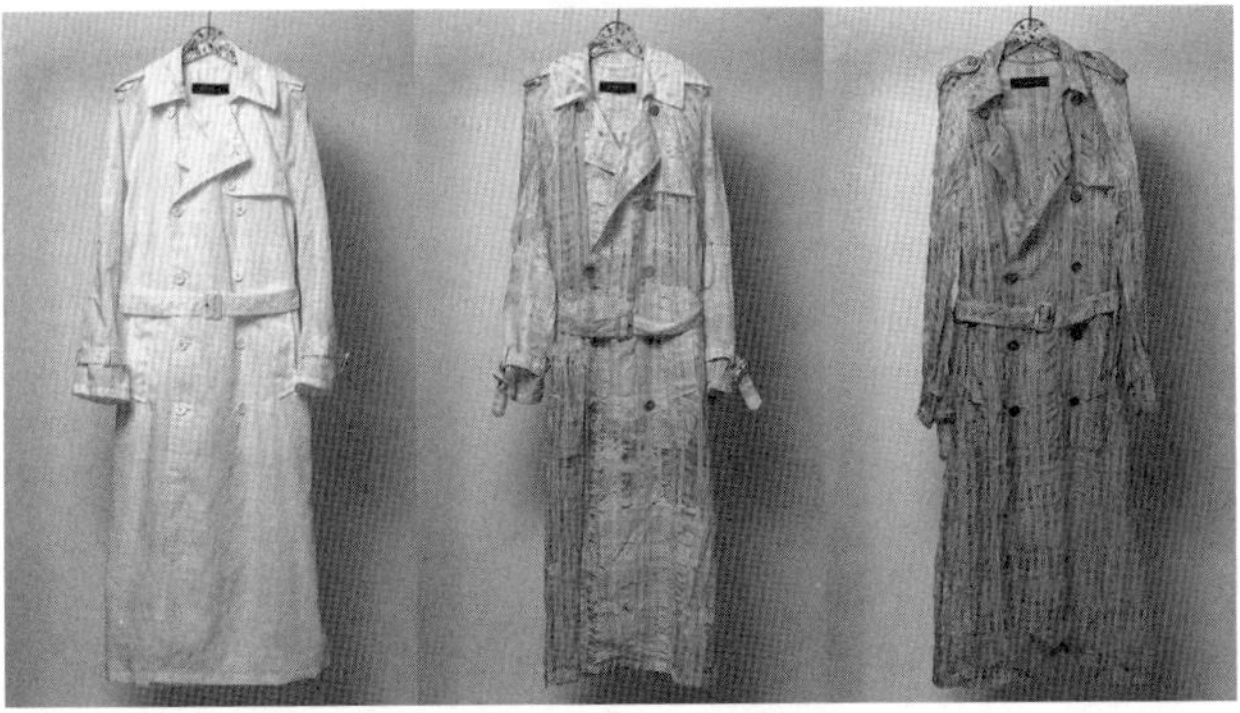

微生物の力で穴が開いた服。左から生分解 0 日目、15日目、30日目
（© アンリアレイジ）

第九章

自然と共生するテクノロジー

▽パリから電話

　パリから東京・南青山のオフィスに電話があった。２０１９—２０年秋冬のコレクションのために、パリへ向けて出発する直前だった。フランス語のできるアシスタントが応対する。彼女の表情が曇る。電話をしてきたのは、ＬＶＭＨだった。「メールを何度も送っているが、返信がないので電話をしました。メールを見ていないのですか」

　メールを見返すと、「迷惑メール」のフォルダに、差出人がモエ・ヘネシー・ルイ・ヴィトン（ＬＶＭＨ）のメールがあった。

　ＬＶＭＨはファッション界をけん引するフランスのコングロマリット。２０１４年度に若手の発掘と支援を目的に、公募制のコンテスト「ＬＶＭＨプライズ」を創設した。19年度第6回のプライズに応募していた。パリのセレクトショップ「Ｃｏｌｅｔｔｅ（コレット）」のディレクターをかつて務めたサラ・アンデルマンさんに勧められたからだ。

▽迷惑メール

コンテストの応募には40歳未満の年齢制限がある。応募時点で38歳だった。応募者は100を超える国・地域の約1700人を数えた。セミファイナルに出られるのはわずか20人。3月初めにセミファイナルの審査会が2日間、パリで開かれ、3月下旬にはファイナルに出場する8人が決まる。

優勝者には30万ユーロ（約3500万円）が贈られる。これに加え、自分のブランドを開発するための支援をLVMHの専門グループから1年間受けられる。夢のような話だ。

「LVMHは4日前、森永さん宛てにメールを送ったそうです。3月初めにパリに来られるかと尋ねていました」とアシスタントが説明する。LVMH側が、返答がないことを心配して電話をしてきたらしい。

僕は僕で、セミファイナル進出のリスト発表が昨年に比べて遅く、まだかまだかと待っていた。迷惑メールのフォルダにあったメールには、アンリアレイジがセミファイナルの20組に選出されたと記されていた。

ＬＶＭＨが発表したセミファイナル進出20組のリストを記したニュースリリースには、次のようなコメントがあった。

「サスティナブルとエシカルなファッションも足踏みしている。これは、ファッション業界が現在抱いている関心を正しく反映しており、ＬＶＭＨグループの関心でもある」

ニュースリリースの文言やプライズ事務局とのやりとりを通じて、ＬＶＭＨ側の関心がサスティナブルとエシカルをテーマにしたファッションにあることが深く理解できた。

ファイナルに進めるかどうか。やるべきことはやった。後は朗報を待つだけだ。例年ならファイナル進出のリストが発表されるにもかかわらず、時間だけが過ぎていく。発表はない。電話もない。駄目だと思った。

発表予定日から1週間がたっていた。パリから再びオフィスに電話があった。フランス語のできるアシスタントが応対する。電話はLVMHからだった。アシスタントの表情が曇る。残念そうに見える。過呼吸になった。苦しそうだ。何も言わない。いや、言えなくなっている…。やっと、電話が終わった。結果はどっちだ。

「決まりました！　ファイナル進出です。最終の8組に選ばれました」

緊張から解放され、元気よく言った。そして、念願の朗報に歓喜し、胸がつまり苦しくなってしまいましたとアシスタントは謝った。

▽確率論

1700分の8の確率が起きる事象は可能性が小さいとみるか、それとも大きいとみるか。０・47％の可能性は小さくないと考える。むしろ大きい。可能性がゼロであることと比べたら、その数字は無限大に近い。

統計学や確率論は信じない。確率論では予想できない奇跡に近いことが、時には起こる。だから確率が０・１％でも「やらないという選択肢」はない。自分が覚悟を決めてやるなら、確率を示す数字の分子がどれだけ小さくても、可能性は十分ある。

ファイナルは２０１９年６月24日に決まった。プレゼンテーションをする服の製作期間は３カ月。パリコレが終わったとはいえ、長いようで短い。

アンリアレイジの独自性を示すには、サスティナブルとエシカルの言葉が持つイメージを裏切る必要があった。サスティナブルとエシカルの対極にあるイメージは何か。環境に優しいファッションとは真逆のグランジファッション――。そこに答えを求めた。

▽グランジと環境

グランジは、「薄汚い」を意味する英語の形容詞「グランジー（ｇｒｕｎｇｙ）」から派生した。グランジファッションは、わざと服に穴をあけボロボロにしたり、色落ちさせたりする。言葉の通り、美と調和の対極にある。それは「ドブネズミの美しさ」に通じる。

デザインされた「穴あきニット」のように、緻密な計算に基づいてニットに穴の模様をつくることはしたくない。自然に虫が食った「穴あきニット」にこそ、極限の美しさがあるはずだ。計算できるデザインと計算できないデザイン。人工の穴と自然の虫食い。その対比から、新しいグランジを探り当てたかった。

連想したのは、２０１３年春夏コレクション「ＢＯＮＥ」だった。究極の循環は土に帰ることだ。僕らはいつか命が尽きて骨になり土になる。骨が地球の一部になり自然と化すイメージ。そこから新しい命が生まれる。壮大な命の連鎖をファイナルで提示できないだろうか。

家庭から出る生ごみを堆肥に変えるコンポストからアイデアが湧いた。トウモロコシのデンプン質からできた糸でつくった服を、微生物の生分解を通じて土に返す。生分解は土と水と温度が織り成す環境に左右されることから、テーマを「光合成」にすることを思いついた。

植物由来の糸だけで服をつくると、微生物が全部食べてしまう恐れがある。微生物に食べてほしい服の箇所は植物由来の糸で、そうでない服の箇所は生分解されないリサイクル用の糸を採用した。ジャガードのプログラミングを用い、糸の配置を種類によって使い分けた。服を土に埋めれば、微生物が自然に服に穴をあけ、花柄のレースやチェック模様を浮かび上がらせる。方向性はよかった。

▽花を待つ

土に種を植え、水をやり、やがて花が咲くのを待つ。同じように服を土に埋めて、水をやる。しばらくしてから服を取り出し、状態を確認する。そうした実験を1カ月にわたり断続的に繰り返した。4月末を迎えても進展はなかった。駄目だと思った。1回目のピンチだ。ゴールデンウイークが明けたらラストスパートしよう。気を取り直し、5月初めに社員を集め、自宅マンションでファイナルに向けた決起集会を開いた。それが2回目のピンチだ。2日後に僕を含め社員のほとんどがインフルエンザを発症した。高熱が出て動けなくなった。新作はLVMHプライズに間に合わない。「終わった」と本気で思った。

そこから奇跡が起きる。

LVMHプライズの事務局から5月中旬に電話があった。「モード界の皇帝」と称されたデザイナー、カール・ラガーフェルド氏が2月に亡くなったことと関連していた。同氏はシャネルとフェンディのデザイナーを務める一方、LVMHプライズを創設し、審査員にも名を連ねていた。

「ラガーフェルドさんの追悼式典が6月20日にパリで開催されることになった。そのタイミングで、LVMHプライズを催すことは好ましくないと考え、ファイナルは9月4日に延期された」

一度あきらめかけた道に光が差した。

埋めた服に本当の花が咲く可能性が再び出てきた。

2カ月あれば十分だった。梅雨が明け気温が上がるにつれ、微生物の生分解は順調に加速した。夏の間に、彼らは服を食べ、土に返していった。日本の暑い夏が微生物を後押しした。

▽質問攻め

ファイナルの当日。プレゼンテーションがパリのルイ・ヴィトン財団で始まった。アンリアレイジは8組中トップバッター。与えられた時間は10分。会場のデジタルタイマーがカウントダウンを告げる。ルイ・ヴィトン、クリスチャン・ディオール、ジバンシー、ロエベなど、ＬＶＭＨ傘下のブランドを率いるトップデザイナーや経営者らで構成する審査員が凝視する。微生物による生分解でつくったグランジレースのトレンチコートについて、僕は丁寧に説明を続ける。

持ち時間の終了を告げるブザーが鳴ってからが大変だった。「微生物に糸を食べさせるファッションなんて聞いたことがない」「自然と共生するファッションだ。サスティナブルでエシカルである」「コントロールできない自然との折り合いをどうやってつけるのか」。質問と意見が次々に飛んできた。やりとりは5分に及んだ。ファイナルのプレゼンテーションが持ち時間を超え、延長時間に入ったのは予想外の出来事だったと聞いた。

8組のプレゼンテーションが終わる前に、審査員の好感触から、受賞の可能性を感じていた。特にＬＶＭＨファッショングループ会長兼ＣＥＯのシドニー・トレダノ氏がアンリアレイジを評価し「見事だった」と述べたことから、気持ちは高揚していた。

ただ、心のどこかでグランプリは難しいと思っていた。ファイナル進出のうち二人がアフリカ出身だったからだ。アフリカ人デザイナーがＬＶＭＨプライズで優勝したことはこれまでなかった。アフリカはファッション界に残された最後の有力市場だ。ＬＶＭＨグループを始め、メゾンと呼ばれる高級ブランドが市場開拓に力を入れている事情があった。

体に巻いた木綿のさらしは、汗で濡れていた。

さらしは、ファイナルのパリへ向けて日本をたつ前、神田恵介さんからもらったお守りだ。「武運長久」の言葉とカール・ラガーフェルド氏を象徴するサングラスを掛けた虎が、千人針で刺繍《ししゅう》されていた。さらしを着けた者に、ＬＶＭＨプライズを創設したラガーフェルド氏のご加護が訪れることを祈念したものだった。

▽賞の行方

南アフリカのデザイナーの名が呼ばれた。アフリカ出身初のグランプリ受賞だ。僕は落選した。でもまだある。新たに創設されたカール・ラガーフェルド賞がある。前年度まであった特別賞に代わる賞だ。2月に亡くなったデザイナー、ラガーフェルド氏の「創造と革新」に対する功績をたたえるものだ。

発表の瞬間、体を巻くさらしに祈っていた。

駄目だった。名前は呼ばれなかった。イスラエルのデザイナーが受賞した。夢はかなわなかった。

LVMHプライズは、世界に羽ばたく最高の舞台だった。人生でこれ以上の舞台はもうないだろう。それなのに負けた。負けてしまった…。支えてくれた人すべてに申し訳ない気持ちでいっぱいだった。体の力が抜けて空っぽだった。誰とも会いたくなかった。誰とも話したくなかった。

6時間に及ぶプライズのセレモニーは続いていた。

「受賞がすべてではない。ファイナル進出の8組はみなさん、自分を誇りに思うべきです」とコメントする審査員の言葉がむなしく聞こえる。会場から一刻も早く出たかった。

日本から応援に駆け付けた神田さんは、航空会社の手違いでパリ到着が遅れ、僕のプレゼンテーションを見ることができなかった。ルイ・ヴィトン財団の施設の外で僕らは会った。結果を知らない神田さんに、審査結果を報告した。ごめんなさい。謝った後、二人で落ち込んだ。

日本へ帰りたくなかった。2020年春夏のコレクションが3週間後に迫っていた。帰国してもすぐに、パリへまた戻って来なければならない。憂鬱《ゆううつ》だった。さらしを体に巻いたまま、飛行機に乗った。

▽ローマからの電話

日本に帰国しても、さらしは取らなかった。２週間後に迫ったパリコレの準備には力が入らなかった。「たられば」の考えに付きまとわれていた。ＬＶＭＨプライズで優勝していれば、こうはならなかった。生分解のコレクションを膨らませて新作披露することもできたはずなのに。後悔の念は消えなかった。気持ちが晴れない日が何日も続いた。

再びパリコレクションのためパリへ出発する準備をしていると突然、イタリアのローマから電話があった。ＬＶＭＨグループ傘下のメゾン、フェンディ社からだった。アシスタントから渡されたメモをもとに電話番号に連絡した。日本語のできる担当者が電話に出た。

「わが社のシルヴィア・フェンディがＬＶＭＨプライズでアンリアレイジの発表を見て、大変興味を持ちました。彼女はアンリアレイジとコラボレーションができないかと言っています。プライズで披露した作品を全部持ってローマの本社へ来てくださいませんか」

信じられなかった。

フェンディと言えば、カール・ラガーフェルド。ラガーフェルド氏はフェンディとシャネルの二つのメゾンでデザイナーを務めた。85歳で亡くなったラガーフェルド氏がフェンディのデザイナーになったのは29歳の時。以来、亡くなるまでフェンディで活動した。シルヴィア・フェンディさんは、フェンディ創業家の３代目。ラガーフェルド氏が亡くなるまで、クリエーティブディレクターを二人で共に務めた。

さらしのご加護は遅れてやってきた——。

再びパリへ戻った。２０２０年春夏のファッションショーを無事に終えることができた。立体的な服を平面に変換するコレクション「アングル（ＡＮＧＬＥ）」は、視点を変えれば服のかたちが変わることを追求した。ショーが終わるとすぐさま、今度はパリからローマへ飛んだ。シルヴィアさんに会えると思うと疲れはまったく感じなかった。

フェンディ社の本社は、ムッソリーニ政権の意向で造られた「イタリア文明宮」にある。「四角いコロッセオ」と呼ばれる建物はローマの歴史的建造物だ。あまりに大きいスケールと均整の取れた美しさに圧倒された。正面玄関からシルヴィアさんの待つフロアへ案内された。

イタリア文明宮の廊下を歩きながら、ラガーフェルド氏が同じ廊下を歩いていたことを想像し、感慨がこみ上げてきた。僕の体には、もちろん、さらしがしっかりと巻かれていた。

シルヴィアさんはＬＶＭＨプライズのファイナルで、審査員の立場から僕のプレゼンテーションを見ていたわけではない。11人の審査員にその名はなかった。点数を付けてジャッジするのではなく、もっと自由な立場からアンリアレイジに目を付けたと聞いた。

シルヴィアさんが付けた注文は一つだった。

「テクノロジーを用いて、自然と共生するファッションをつくりたい。フェンディ社のモットーである『不可能はない』ことを実現するため、アンリアレイジと新しいことに挑戦して、人々に楽しみを与えたい」

異論はなかった。3カ月後の2020年1月13日に、ミラノ・メンズファッション・ウイークで協業する契約を交わした。

▽檸檬爆弾

東京とローマを3週間おきに往復する慌ただしい生活が始まった。

フェンディが大事にしてきた色がある。黄色だ。イタリアの太陽を表す明るい黄色。太陽光を浴びて色が変わる服をつくる自分にとって、それは「光との共生」を示す。小説家の梶井基次郎の代表作『檸檬』を着想源にした2004―05年秋冬コレクション「檸檬」のイメージを膨らませ、フェンディのミラノコレクションで「檸檬爆弾」を仕掛けたいと考えた。

フェンディが求める繊細さを表現するには、できるだけ糸を細かくする必要がある。糸を細くすると逆に、糸の色が変わるフォトクロミック現象が目立たなくなる。糸の表面積が小さくなるからだ。フェンディが商品化してきた黄色と寸分違わない色にする必要もある。試験をさんざん繰り返した。フェンディのチームも加わり試行錯誤を続けた。

・

デモンストレーションは上々のうちに終わった。屋外で直射日光を浴びると、白いコートは狙い通りの黄色に変わった。それを見たシルヴィアさんは「これを求めていた。ラストルックにしたい」と言った。

ショーの3日前に出来上った会場に入り、喜びと不安を感じた。

アンリアレイジの白い服と未来的なイメージを見せるために、会場は造られていた。会場はいすから壁まで真っ白だった。服の色を変えるための自動昇降ライトも整備されていた。

この大舞台で、服の色が変わらなかったらどうしよう。

ショーの本番。天井から吊り下げた昇降式仮設フレームが、モデルの立つ場所へ左右同時に降りてくる。フレームには日本から持参したハンディーUVライトが取り付けられている。青白い照明が1メートル先のモデルに当たる。

白いコートが黄色へ鮮やかに変わった。

ショーが終わった時、すべての重圧から解放された。白いコートが変色したのをバックステージで見ていたシルヴィアさんは、僕を抱きしめて言った。

「ポエティック（詩的）」

2021年春夏コレクション「HOME」より（© アンリアレイジ）

第十章

コロナ時代のファッション

▽日常

本書を僕が書き始めたのは、新型コロナウイルスの感染拡大に伴う緊急事態宣言が首都圏に発令された2020年4月7日からだ。東京・南青山のショップ兼オフィスはすでに営業を自粛し、オンライン対応に切り替えてから2週間がたっていた。人と人のコミュニケーションを促すファッションが、感染を拡大させ、コミュニケーションを寸断させるのは避けたかった。お客さんと社員の安全を最優先しなければならなかった。ファッションの販売や流通が人の命を奪う恐れがあることを想像するだけで、胸が苦しくなった。

「ファッションができること」について考えていた。次にどこを目指し、何をつくるべきか、自問自答を繰り返した。ブランドを始めてから今まで、立ち止まることが許されない世界にいて、初めて少し止まり、日常について考えた。ファッションのあり方やブランドについて振り返った。何を大切にしてこの先進むべきなのか…。そばにいたいと願う人間の本能を根底から否定し、人の死に立ち会ったり、人の誕生を共に喜んだりすることが難しい日常。それを非日常化することができるのか。

ファッションは「日常を変える装置」と言い続けてきたアンリアレイジの考えは、見直しを迫られた。これまでの日常が非日常になったことから、ファッションは「日常を取り戻す装置」と位置づける必要があった。

生地屋も縫製工場も完全にストップした。何かをつくろうにも、まず材料を仕入れることができなかった。アトリエにある材料でつくるしかない。アトリエには、20年間蓄積したシーズンごとのテキスタイルがある。それらテキスタイルをシーズンにとらわれることなく垣根を超えて、一つ一つパッチワークでつなぐ。それはアンリアレイジにとって、失われていく日常をつなぎとめる行為であり、切り裂かれていく日常を縫い合わせる意味を持った。完成したパッチワークマスクは、人を覆い、人を守る。

マスクは2分で完売した。多くの人が不安を抱えたまま暮らしていると改めて感じた。ファッションを通じて、人を守りたい気持ちが強くなった。

ファッションがウイルスを死滅させることはもちろんできない。医療や医薬品とは異なる方法で、日常のファッションはどうしたら人を守れるか。

時代が変わる瞬間が訪れている。そう感じた。時代が変わる瞬間にこそ、時代を変える服が生まれる。新しい概念の服も、新しい概念の伝え方も、そして新しい日常のあり方も生まれる。今、自分自身が服づくりと向かい合わなければ、何のためにファッションの道を選んだと言えるのか。

他人との距離を2メートル以上に保つソーシャルディスタンス。飛沫感染を防ぐマスクやフェイスシールドの着用。外出を控えるステイホーム。新しい生活様式の延長線上で、ファッションデザイナーにできることは何か。見方を変えれば、人は2メートルまでは近づける。接触はできないが、近接はできる。マスクを着用すれば人と会うことはできる。コミュニケーションの断絶と縮小・制限は天と地の開きがある。2メートルのコミュニケーション。2メートルのファッションは十分あり得る。

ステイホームの言葉にある「ホーム（ｈｏｍｅ）」の意味を問い直すことから始めた。人をウイルスから守る場所はホームに違いない。家なら人を守れる。

非常事態宣言の後、耳にするニュースからは「ステイホーム」の言葉ばかりが聞こえてきた。ファッションが閉じ込められているかのような、閉塞感が漂っていた。ホームはファッションデザイナーにとってポジティブな言葉では決してない。「ホームウエア」に代表されるように、室内着や寝間着を指す。外に出て人と会うことを前提としたファッションとは異なる。ホーム着ではファッションの力を存分に発揮できない。「ステイホーム」のホームは、僕にとっては「ハウス」や「ルーム」の響きがあった。

コロナ危機は逆に、「ホーム」の意味を僕に再認識させた。「ホーム」は「ホームボタン」や「ホームグラウンド」の言葉に示されるように、本来は、絶対的な安心感を与えてくれる自分の帰れる場所だ。

▽衣と住

２０２１年春夏パリコレクションにおけるアンリアレイジのテーマを「ＨＯＭＥ」に決めた。

コロナ危機が深刻になるにつれ、気づかされた。服は体の全部を覆うわけではない、ということだ。どんな服を着ても体の一部は露出される。人が体全体を何かで包まれていたり覆われていたりするのは、ふつう、母体の中にいるときか、亡くなって棺桶に収められたときだ。完全に覆われているという安心感は、完全に防御されているという安心感と同じだろう。それに対して、家は体の全部を覆ってくれる。家に居ることで人は守られる。しかし、家の壁には自分に寄り添ってくれるような安心感はない。

家のような服。服のような家。その間にあるもの。服を着るように、家を着ることができないだろうか。家に住むように服に住むことはできないだろうか。頭の先から足の先まですっぽり覆う服。まるで小さな家である服。素材は抗ウイルス加工の素材がいい。

手がかりはヤドカリにあった。巻貝の殻に収まるヤドカリは、体が大きくなれば別の大きな殻を探さなければならない。その場合、巻貝の殻は家なのか、服なのか。住んでいるのか、着ているのか。どちらでもありそうで、どちらでもなさそうだ。

それは衣と住の間であり、日常と非日常の境目でもある。

2メートルのソーシャルディスタンスを確保し、家に変化する服。骨格を外して紐を引っ張ると、家は服に変わる。テントのような服でもあり、服のようなテントでもある。一つで二つの機能とかたちを持つ。テントで用いられる4面体のほか、テントに使わることがない球体、6面体、8面体、12面体、20面体のかたちをベースに、「移動可能な家」として服をつくった。服はすべて折りたたむことができる。たたんで平面に戻すと、紐はまた服の一部へと戻る。家の時は硬質な空間の印象を与えるが、服の時は軽やかに流れるドレープと柔らかなボリュームが現れる。

▽オンラインとオフライン

２０２０年9月下旬から9日間の日程で開かれたパリコレクションは、参加形式が従来とは大きく異なった。観客の入場が厳しく制限されたファッションショーと、オンラインによる動画配信を取り入れた異例の形式になった。「サンローラン」や「セリーヌ」が参加を見送り、困惑は広がった。

パリコレ開催のちょうど1カ月前、「ＨＯＭＥ」のショーをめぐり心が揺れていた。従来通りパリへ行き、観客の中でモデルにランウェイを歩かせるショーをするべきか。それともオンラインによる動画撮影方式のショーに初挑戦するべきか。新型コロナウイルスの感染拡大が欧州で収まる気配はなかった。これまで通りにショーをパリで強行したら、アンリアレイジのショーを支えるスタッフ１００人余を感染の危険にさらす。さらに観客やスタッフの感染防止対策に追われ、ショーに向けなければならない自分の集中力や労力がそがれてしまう。では東京でショーを動画撮影し、それをパリから発表すればいいのか。心はずっと揺れていた。安易な方法でショーをオンライン配信しても「過去のアンリアレイジに勝てない」

と思った。オンラインでもアンリアレイジのやり方を貫き、勝てる方法はないかと答えを探していた。

現地で行われるランウェイ中心のショーも、オンラインで配信される動画中心のショーも、どちらもパリコレクションとして公式に認められていた。しかし、そこには大きな違いがある。招待された観客しか見られないショーと誰もが見られるオンラインのショーの希少性の違いが挙げられる。次に観客にとって違うのはライブ感だ。オフラインのショーは1回きりのスリルや即興性を味わえる。これに対しオンラインのショーは、いつでも何度でも視聴できる。

ファッションショーは必ず大勢の人が関わる。服を着る人、服を着せる人、服を見せる人、服を見に来る人。そうした人たちの共同作業と言える。アンリアレイジのショーは、わずか十分間のために100人余のスタッフが関わる。ショーの演出、音楽、照明、音響、舞台美術、カメラマン、スタイリスト、ヘアメイク、モデル、フィッター、会場誘導、受付など担当は広範囲に及ぶ。オンラインの動画コンテンツなら、ＣＧやアニメーションを用いて人を極限まで減らした環境でも制作できる。リアルなファッションショーはそうはいかない。

ではアンリアレイジはどちらを取るか。オフかオンか。

▽富士山

9月下旬のパリコレが1カ月後に迫った8月20日。ファッションショー演出家・金子繁孝さんの運転する車に乗り、オンラインのショーに適した場所を探した。ファッションショーが普段、できない場所でしたいと思った。「ＨＯＭＥ」のテーマから、対極にある屋外にしたかった。テントのような服を強調することができ、ドローンの撮影もできるキャンプ場を候補地に絞った。下見した静岡県のキャンプ場5カ所は雑草が伸びていたり、ドローンの使用が制限されていたり、貸し切りができなかったりした。候補地は見つからず、あきらめて東京に向けて車を走らせているとき、偶然、「朝霧自然公園」の看板に目が入った。立ち寄ると、草原が広がり、天候に恵まれれば富士山が正面に見えることが分かった。所管する富士宮市へその場から問い合わせた。テントを立てることも、場所を貸し切ることも、ドローンで撮影することも可能だとの答えが返ってきた。朝霧自然公園で富士山を唯一の舞台装飾に見たててオンラインのショーをする決心をした。テントのかたちをしたカラフルな服が、富士山をバックにV字型に並ぶ。朝霧自然公園に「逆さ富士」が現れる――。そんな光景を僕はすでにイメージしていた。

社員を朝霧自然公園へ送り込んだ。富士山の眺望を1週間、確認するためだ。1時間ごとに富士山の風景や天候がどう変わるかを報告してもらった。早朝なら全景を見られる可能性がある。6時から撮影を始めれば、富士山を背景にしたショーが成功するかもしれない。社員は「観察した7日間のうち富士山が見えたのは1日だけです。山の半分も見えませんでした。しかもチャンスは朝の7時まで。わずか1時間です」と説明した。

アンリアレイジがオンラインで動画配信するパリコレの日程は9月29日。ちょうど1週間前に動画の撮影が行われた。当日は午前5時からテント型の服を搬入した。美しい富士山が全景を見せた。スタッフの誰もが、雲一つない完璧なシルエットに息をのんだ。撮影開始まで1時間。想定外の事態が起きた。台風12号の影響で、設営場所が暴風に直撃されたからだ。テントは風にあおられ、支柱が倒れフレームも曲がった。風に倒されないように支柱を補強するには半日以上かかる。富士山が撮れる時間は1時間しかない。「もう駄目だ。諦めるしかない」。そう口に出そうとした時、金子さんがスタッフの人数を聞いた。「100人はいます」と僕が答えると、「テントの服は18ある。それ全部を人が支えればいい。すぐに人を集めてほしい」と金子さんは指示した。テントを支えるスタッフの姿が動画に映り込む恐れがあると分かると、編集担当が「デジタルなので、後の編集で消すことができます」と間髪を入れずに説明した。人がテント型の服を支えたまま、スケジュール通りに動画を撮影することになった。撮影は午後7時まで続いた。その間、富士山は姿をずっと見せていた。

金子さんの機転と人の支えがなければ、「ＨＯＭＥ」のコレクションはできなかった。ファッションショーは、形式がオンラインに変わっても「人」が中心を占める。それはやはり不変だった。

▽原点

「ＨＯＭＥ」のコレクションでは、過去のコレクションから離れ、遠くへ行きたいと願っていた。しかし、気がつくと、アンリアレイジの原点ともいえるテーマが凝縮されていた。

たとえば、２００９年春夏コレクションの「○△□（まるさんかくしかく）」の形状と同じだ。服は人の体に合わせたかたちになっていない。

たとえば、２０１３年春夏の「ＢＯＮＥ」の構造と共通する。骨組みとそれを覆う皮や膜の構造を服に落とし込んだ。

たとえば、２０１６春夏の「ＲＥＦＬＥＣＴ」の概念と類似する。光が反射するように一つの形が多面に増幅し、絶対的領域をつくっていく。

たとえば、2019―20年秋冬の「DETAIL」の機能転換と重なる。袖口がウエストへ転換したように、スケールの変化で「衣」が「住」に変わる。

「HOME」のラストルックは光るパッチワークだ。パッチワークはアンリアレイジの原点。コレクションを通じて日常を紡ぎ、人をつなぐ試みだった。家に明かりがともるように、服にも明かりをともしたかった。ホームという言葉の語源には「最終的に戻ってくる場所」という意味がある。その場所ははるか先にあると思っていた。しかし、気がつくと、その場所はアンリアレイジの原点にあった。

あとがき

２０１４年9月にパリコレクションにデビューして間もなく、神田恵介さんから次のような手紙をもらった。

パリという世界は、僕らの外側にある。それはたとえば、大震災や、原発問題や、超高齢化社会などの「対、世界」だ。

でも、世界はそれだけではない。君と僕の内側にも、きっと世界はある。その内なる世界には、東コレもパリコレもない。君がやれば僕が見るし、僕が話せば君が聞く。そんな君と僕の世界だ。

僕らはその内なる世界で、誰に邪魔されることもなく実に十数年もの間、心のやりとりをしてきた。血も汗も涙も、全部そこにあった。

お互いがどこまで強くなったのか、君は試してみたくなったんだろう。気づけば、僕もパリにいた。僕が行ったのではない。君が連れて行ってくれた。試してみたくなった方が、手を引いて外に連れ出す。これまでもずっとそうやってきた。

外の世界に出るたびに、地図は少しずつ塗り替えられてゆき、僕らの内なる世界もゆっくりとひろがっていった。人は遠回りだと言うだろう。でもそうすることでしか、君と僕はファッションってやつと向き合うことができなかったのかもしれない。

二人が生きる世界について、手紙には書いてあった。世界には外の世界と内の世界がある。パリコレというリングに立ったとき、目に映る世界は外も内も輪郭がぼやけ、その境界はなくなっていた。胸に去来したのは共闘の言葉だった。外で闘い、内で闘う。

そして、二人で共に闘っているという実感だった。

僕は返信した。

1999年、あなたの世界に飛び込みました。

あなたの生きる世界を愛したから。
あなたの愛する世界を生きたかった。

僕が服をつくりはじめた理由は、
同じファッションの世界で二人で生きたかっただけ。

二人の間に新しい世界が誕生してから16年。
生死をかけた大舞台、初めてのパリコレクション。

あの日、服の色が黒に変わらなかったのは、
神さまからの贈り物だったのでしょう。

テーマは光と影。

白い服を黒に変えたいという意気込みばかりが先走り、
未熟なグレーの服を目の前にして、死を覚悟した瞬間。

気がつくと僕の後ろにはあなたがいました。

「森永、お前は一人じゃない。俺が一緒にいるから。
まだ死ねない。二人で生き延びることを考えよう」

僕はあの時、涙があふれ、声がでませんでした。

ショーの途中で拍手が起きた服は、あなたと二人でつくりあげた。
あなたの一言がなければ、生まれなかった服。

今までにないテクノロジーがすごいとか、
影がのこるのがすごいとか、服の評価はどうでもいい。

それよりあの服が、二人でつくった服だということが、
なによりも大切で、なによりも美しい。

この世界には、僕を導いてくれる光があります。
道に迷わないように、前に進めるように導く光。

光は、僕がどうしようもないときに、
手を差し伸べ、全力で助けてくれる。

何度も、何度も救われてきた。
あの日、僕の後ろから差し込んできた光を生涯忘れない。
あなたがいるから、ファッションの世界で生きる。

光に影を。影に光を。

光が消えても、決して影が消えないように。
影が消えても、決して光が消えないように。

念願のパリコレクションにデビューしてお前の何が変わったのか、さあ、言ってみてくれと問われている気がずっとしてきた。何が変わり、何が変わらなかったのか…。
ずっと変わらないことは、「あなたが光なら、僕は影。あなたが影なら、僕は光」ということだ。

光が強ければ、影は深い。光が弱ければ、影は浅い。光と影は対極にありながらも、同時に存在し深く結びついている。日常と非日常の関係も、同じに違いない。僕がファッションを通じて「AとZ」を捉えようとしてきた理由が、そこにある。

× × ×

その日、富士山の上空は星がまたたいていた。

日が昇ってからも雲に覆われることはなく、美しいシルエットを見せ続けた。

コレクション「HOME」の準備をする人が、富士山麓にある朝霧自然公園を慌ただしく行き交う。誰も予想しなかった強い風が吹き荒れている。

できることは少なくなかった。やらなければならないことは多かった。

富士山のシルエットが隠れてしまわないか。じっと、空を見つめた。

小さな家のような服が運び込まれた。
強い風のため服の支柱が倒れる。
支柱を抱きかかえる人が吹き飛ばされそうになっている。
たくさんの人が「ＨＯＭＥ」を支えている。強い風から必死に守っている。
美しい富士山が僕らをじっと見守っている。

人知が及ばないことがある。

空が晴れるかどうか。雲が出るかどうか。風が吹くかどうか。
命が生まれるかどうか。息を引き取るかどうか。

人の力ではかなわない。

それでも、できることは少なくない。
非日常を日常に変えたいと祈ること。
日常を非日常に変えたいと願うこと。

非日常と日常を分けたのは何だったのか。
AとZを離したのは何だったのか。

祈り、願うことでそれは輪郭を初めて現わす。

本書を、僕をいつも守ってくれる妻と両親、そして弟に捧げます。

2020年11月

森永邦彦

森永邦彦（もりなが・くにひこ）
ファッションデザイナー。1980年生まれ。東京都出身。早稲田大学社会科学部卒業。大学在学中にバンタンデザイン研究所に通い服づくりを始める。2003年、ブランド「ANREALAGE（アンリアレイジ）」を設立。05年に米ニューヨークの新人デザイナーコンテスト「GEN ART 2005」でアバンギャルド大賞を受賞。同年、東京タワー大展望台で06年春夏コレクションを開催。11年、第29回毎日ファッション大賞新人賞・資生堂奨励賞受賞。14年９月、東京コレクションから転じ、パリコレ公式デビュー。以来、年２回のペースでパリコレに公式参加する。19年、第37回毎日ファッション大賞受賞。著書に『A LIGHT UN LIGHT』(ANREALAGE 著・奥山由之写真、パルコエンタテインメント事業部)。アンリアレイジのホームページ https://www.anrealage.com/

早稲田新書002

A《エー》とZ《ゼット》
―アンリアレイジのファッション―

2020年12月10日　初版第一刷発行

著　者　森永邦彦
発行者　須賀晃一
発行所　株式会社 早稲田大学出版部
〒169-0051　東京都新宿区西早稲田 1-9-12
電話 03-3203-1551
http://www.waseda-up.co.jp
構成・編集　谷俊宏（早稲田大学出版部）
装丁・印刷・製本　精文堂印刷株式会社

©Kunihiko Morinaga 2020　Printed in Japan
ISBN978-4-657-20013-6
無断転載を禁じます。落丁・乱丁本はお取り換えいたします。

早稲田新書の刊行にあたって

いつの時代も、わたしたちの周りには問題があふれています。一人一人が抱える問題から、家族や地域、国家、人類、世界が直面する問題まで、解決が求められています。それらの問題を正しく捉え解決策を示すためには、知の力が必要です。整然と分類された情報である知識。日々の実践から養われた知恵。これらを統合する能力と働きが知です。

早稲田大学の田中愛治総長（第十七代）は答のない問題に挑戦する「たくましい知性」と、多様な人々を理解し尊敬して協働できる「しなやかな感性」が必要であると強調しています。知はわたしたちの問題解決によりどころを与え、新しい価値を生み出す源泉です。日々直面する問題に圧倒されるわたしたちの固定観念や因習を打ち砕く力です。「早稲田新書」はそうした統合の知、問題解決のために組み替えられた応用の知を培う礎になりたいと希望します。それぞれの時代が直面する問題に一緒に取り組むために、知を分かち合いたいと思います。

早稲田で学ぶ人。早稲田で学んだ人。早稲田で学びたい人。早稲田で学びたかった人。早稲田とは関わりのなかった人。これらすべての人に早稲田大学が開かれているように、「早稲田新書」も開かれています。十九世紀の終わりから二十世紀半ばまで、通信教育の『早稲田講義録』が勉学を志す人に早稲田の知を届け、彼ら彼女らを知の世界に誘いました。「早稲田新書」はその理想を受け継ぎ、知の泉を四荒八極まで届けたいと思います。

早稲田大学の創立者である大隈重信は、学問の独立と学問の活用を大学の本旨とすると宣言しています。知の独立と知の活用が求められるゆえんです。知識と知恵をつなぎ、知性と感性を統合する知の先には、希望あふれる時代が広がっているはずです。

読者の皆様と共に知を活用し、希望の時代を追い求めたいと願っています。

２０２０年12月

須賀晃一